中国应急管理学会蓝皮书系列

中国应急教育与校园安全发展报告

Annual Report on Education for Emergency and
Campus Safety 2023

主　编　高　山
副主编　张桂蓉　李伟权

2023

中国社会科学出版社

图书在版编目（CIP）数据

中国应急教育与校园安全发展报告.2023／高山主编.—北京：中国社会科学出版社，2023.12
ISBN 978-7-5227-2917-6

Ⅰ.①中… Ⅱ.①高… Ⅲ.①安全教育—研究报告—中国—2023 Ⅳ.①X925

中国国家版本馆 CIP 数据核字（2023）第 242617 号

出 版 人	赵剑英	
责任编辑	王 琪	
责任校对	杜若普	
责任印制	王 超	

出　　版	中国社会科学出版社	
社　　址	北京鼓楼西大街甲 158 号	
邮　　编	100720	
网　　址	http://www.csspw.cn	
发 行 部	010-84083685	
门 市 部	010-84029450	
经　　销	新华书店及其他书店	
印　　刷	北京明恒达印务有限公司	
装　　订	廊坊市广阳区广增装订厂	
版　　次	2023 年 12 月第 1 版	
印　　次	2023 年 12 月第 1 次印刷	
开　　本	710×1000　1/16	
印　　张	13.75	
插　　页	2	
字　　数	220 千字	
定　　价	69.00 元	

凡购买中国社会科学出版社图书，如有质量问题请与本社营销中心联系调换
电话：010-84083683
版权所有　侵权必究

中国应急管理学会蓝皮书系列
编写指导委员会

主任委员

　　洪　毅

副主任委员（以姓氏笔画为序）

　　马宝成　王　浩　王亚非　王沁林　冉进红
　　闪淳昌　刘铁民　李　季　杨庆山　杨泉明
　　吴　旦　余少华　应松年　沈晓农　陈兰华
　　范维澄　周国平　郑国光　钱建平　徐海斌
　　薛　澜

秘书长

　　钟开斌

委　员（以姓氏笔画为序）

　　孔祥涛　史培军　朱旭东　全　勇　刘国林
　　孙东东　李　明　李　京　李雪峰　李湖生
　　吴宗之　何国家　张　强　张成福　张海波
　　周科祥　高小平　黄盛初　寇丽萍　彭宗超
　　程晓陶　程曼丽　曾　光

前　言

校园安全关系千家万户的核心利益。青少年是国家未来发展的人才储备，校园安全事关其成长空间平安稳定，进一步而言，与国家未来的发展息息相关。2022年，我国校园安全情状渐生新变。尽管相关事件数量同比去年在相对持平中有所下降，但事件特征却有所变化。总体而言，校园欺凌与暴力事件仍是危及校园安全最主要的表现形式。未成年人犯罪总体呈上升趋势，侵害未成年人犯罪持续上升，提醒着我们未成年人保护法律制度和保护责任尚待充分落实。2022年，校园安全事件中总体呈现出物退人进的特征，与人相关的因素占据了矛盾的主要方面。校园安全事件在类型上表现出融合交叉和致因复杂性的特征。同时，心理问题会诱发安全事件。在应急教育方面，我们欣喜地看到针对应急场景的教育成效显著，但全周期全领域教育体制机制仍有待完善。由此，本书旨在追踪2022年校园安全与应急教育相关发展变化，整理总结过去一年校园安全发展的状况，从多角度梳理校园安全与应急教育发展脉络，追踪相关热点和焦点，集之录之析之探之，勾勒校园安全发展变化脉络以飨读者。

中国应急管理学会校园安全专委会2016年成立于北京，致力于校园安全领域的理论和实践研究，积极发挥智库作用和社会服务功能，旨在提高中国应急教育和校园安全管理的理论研究水平和实践工作能力。《中国应急教育与校园安全发展报告》已连续发布七年，为党政机关、学界研究人员、教育工作者和社会公众了解、研究和跟踪中国应急教育和校园安全管理发展提供了一手翔实资料。《中国应急教育与校园安全发展报告2023》聚焦2022年校园安全事件、校园安全治理及应急教育，以学术思维指导经验研究，为校园安全领域建设贡献学界力量。

本书共由七个章节构成。第一章校园安全及应急教育发展概观，总体回顾了校园安全事件与校园应急教育发展概观，归纳其特点、亮点，总结其趋势、重点，结合校园安全事件所暴露出来的问题及当前应急教育短板，探讨其发展方向与趋势。第二章为校园公共卫生政策梳理与管理实践，从特征、现状与典型案例深入剖析校园公共卫生的政策现状及发展进路，梳理出当前存在的不足，总结相关政策经验为未来可能的公共卫生事件提供优化方向。第三章聚焦体验式安全教育，研究安全教育的新解决方案。第四章聚焦高校实验室安全，从具体案例入手，结合高校实验室安全行为问卷调查结果，分析实验室安全影响因素。第五章以自建房安全事件为着眼点，结合调查研究数据，探索大学生对校园周边经营性自建房的安全意识与安全行为，进而探讨校园周边安全风险。第六章关注高校交通安全，基于典型案例与调查问卷探讨高校交通安全的现状与存在的风险。第七章立足高校网络安全，依据典型案例与问卷调查分析，探讨高校网络安全存在的问题、挑战与可行的防控措施。

本书总结2022年校园安全与应急教育的案与治，关注新形势下校园安全事件所暴露出来的问题及当前应急教育的短板。同时，我们还关注校园安全治理的体制、机制和法制进展。在立法不断完善、标准不断制定、机制不断建立、校园安全治理逐渐向好的同时，也分析并指出可能存在的不足并提出优化策略。孩子是中国的明天和未来，中国应急管理学会校园安全专业委员会将持续关注国内外校园安全领域的研究动态，与学术界同人携手，共同推进中国应急教育和校园安全的发展。

编　者

2023年5月于长沙

目　　录

第一章　校园安全及应急教育概观 …………………………………（1）
　第一节　校园安全事件概观 …………………………………………（2）
　第二节　应急教育发展概观 …………………………………………（13）
　第三节　校园安全治理重点及未来发展趋势 ………………………（23）

第二章　校园公共卫生政策梳理与管理实践 ………………………（30）
　第一节　校园公共卫生政策概述 ……………………………………（30）
　第二节　校园公共卫生管理典型案例分析 …………………………（37）
　第三节　校园公共卫生管理实践方式与主要难点 …………………（43）
　第四节　校园公共卫生管理经验总结 ………………………………（48）

第三章　中小学校园安全教育的调查与分析 ………………………（53）
　第一节　中小学校园安全教育的现状与政策 ………………………（54）
　第二节　中小学生安全教育存在的问题和困难 ……………………（65）
　第三节　中小学校园体验式安全教育模式的探索 …………………（70）
　第四节　全面推行中小学生体验式安全教育模式的建议 …………（84）

第四章　高校实验室安全的调查与分析 ……………………………（90）
　第一节　高校实验室安全概述 ………………………………………（91）
　第二节　高校实验室安全事故典型案例分析 ………………………（95）
　第三节　高校实验室安全行为现状 …………………………………（100）
　第四节　高校实验室安全行为的影响因素 …………………………（111）

第五节　高校实验室安全风险防控措施 …………………………（117）

第五章　高校周边经营性自建房安全的调查与分析 ………………（120）
　　第一节　高校周边经营性自建房安全风险概述 …………………（121）
　　第二节　高校周边经营性自建房学生安全意识与
　　　　　　风险应对行为 …………………………………………（124）
　　第三节　高校周边经营性自建房治理策略 ………………………（139）

第六章　高校交通安全的调查与分析 ………………………………（144）
　　第一节　高校交通安全概述 ………………………………………（145）
　　第二节　高校交通安全典型案例分析 ……………………………（148）
　　第三节　高校交通安全现状 ………………………………………（151）
　　第四节　高校交通安全存在的问题 ………………………………（167）
　　第五节　高校交通安全风险防控 …………………………………（171）

第七章　高校学生网络安全的调查与分析 …………………………（177）
　　第一节　高校网络安全概述 ………………………………………（178）
　　第二节　高校学生网络安全典型案例分析 ………………………（180）
　　第三节　高校学生的网络安全现状 ………………………………（186）
　　第四节　高校学生的网络安全问题 ………………………………（201）
　　第五节　高校学生的网络安全风险防控措施 ……………………（203）

参考文献 ………………………………………………………………（208）

后　记 …………………………………………………………………（212）

第一章

校园安全及应急教育概观

  学校安全事关千家万户，事关我国未来发展的希望。2022年，在校生人数持续增加，总数已接近2.4亿人。[①] 庞大的在校学生基数意味着其安全保护的责任将十分艰巨。校园安全一直受到党中央、国务院、各级政府和社会各界的高度关注。针对校园安全等问题，最高检曾在2018年向教育部发出检察建议书。针对校园安全管理规定执行不严格、教职员工队伍管理不到位，以及儿童和学生法治教育、预防性侵害教育缺位等问题，历史上首次以最高检名义发出的检察建议，被称为"一号检察建议"。在过去的2022年度校园安全发展观察中，我们看到，相关的法律法规制度和安全标准在不断完善，应急教育卓有成效。例如，国务院未成年人保护工作领导小组办公室的成立、新《中小学、幼儿园安全防范要求》国家标准发布、法治副校长制度的推行等举措助推了校园安全治理体制机制的完善，为校园安全保驾护航。然而，校园安全治理形势又面临一些新的变化。根据公开数据统计的2022年社会影响较大的校园安全事件结果显示，校园欺凌与暴力事件仍是危及校园安全最主要的表现形式，未成年人犯罪总体呈上升趋势，侵害未成年人犯罪持续上升，未成年人保护法律制度和保护责任尚待充分落实。[②] 在校园安全事件中，物因事件随着应急教育与校园安全治理在逐渐减少，而人因特征愈发突出。

  [①] 国家统计局：《各级各类学历教育在校学生数》（https://data.stats.gov.cn/easyquery.htm？cn=C01）。

  [②] 最高人民检察院：《最高人民检察院关于人民检察院开展未成年人检察工作情况的报告》（https://www.spp.gov.cn/spp/xwfbh/wsfbh/202210/t20221029_591185.shtml，2022年10月29日）。

此外，校园安全事件类型愈发交叉融合，给校园安全治理带来了新的命题。

第一节　校园安全事件概观

根据公开数据统计的 2022 年校园安全事件结果显示，相较于 2021 年，校园安全事件数量上保持持平，但是类别比例上有所变化。本书研究团队主要基于官方微博、主流网络媒体网站及相关部委厅局官网进行收集整理，涉及设备设施安全、校园暴力与欺凌、个体身心健康受损事件、校园公共卫生事件、突发治安事件、意外伤害事件、网络安全事件、校园周边环境安全事件、突发灾害事件、其他类型事件等共计 10 类相关事件。综合来看，校园安全事件在 2022 年呈现出校园暴力为主、欺凌猥亵增多、人因突出、未成年人违法犯罪增多的新特征。

一　校园安全事件年度性总括

校园安全无小事，校园安全事件常常发生在看不见的角落，容易被社会忽视，一旦曝光，又极易成为社会关注焦点。本研究团队自 2016 年起，依据我国《突发事件应对法》将校园安全事件进行分类探讨，每年出版一本年度报告。随着社会的发展变化，校园安全风险也随之出现特征变化。本报告追踪传统的自然灾害、事故灾难、公共卫生事件与公共安全事件，吸纳更多校园安全事件类型，共轭探索校园安全格局新变。

（一）事件数量平中稍降，校园暴力仍为最主要表现

2022 年，全国各类学校在疫情防控工作指导下逐步有序恢复线下课程，校园安全事件数量相对保持平稳态势。与 2021 年相比，2022 年相关校园安全事件在数量上保持相对持平。从五年变化来看，校园安全事件数量在 2018 年为 140 起、2019 年为 273 起、2020 年为 92 起、2021 年为 303 起。到 2022 年，被公开披露的校园安全事件数量为 289 起。其中，设备设施安全事件（包括火灾、实验室爆炸等）7 起，校园暴力与欺凌事件 106 起，个体身心健康受损事件 19 起，校园公共卫生事件 23 起，突发治安事件 12 起，意外伤害事件 48 起，网络安全事件 28 起，校园周边环境安全事件 11 起，突发灾害事件 7 起，其他类型事件（如个人隐私被

侵犯）等28起。

表1-1　　　　　　　　2022年校园安全事件分类频数统计

事件类型	数量	百分比（%）
设备设施安全事件	7	2.4
校园暴力与欺凌事件	106	36.7
个体身心健康受损事件	19	6.6
校园公共卫生事件	23	8.0
突发治安事件	12	4.1
意外伤害事件	48	16.6
网络安全事件	28	9.7
校园周边环境安全事件	11	3.8
突发灾害事件	7	2.4
其他类型事件	28	9.7

将校园安全事件的整体态势与往年比较后发现，在2022年，校园暴力与欺凌事件抬头，占据分类频数统计中的绝对高位，占比也有所提高。殴打、虐待、性侵等来自老师、同学的身体、心理伤害仍为最主要的伤害形式。在设备设施安全、校园周边环境安全事件方面，尽管在频数上有所下降，但该类型事件一旦发生，后果较为严重，仍需引起重视。例如长沙医学院附近自建房倒塌事件，导致54人死亡，死者中附近医学院学生44人。比较往年校园安全事件分类频数，网络安全事件和以溺水为代表的意外伤害事件有所减少。尤其是溺水在意外伤害事件中的比例有所降低，取而代之的是车祸和高坠事件。

尽管2022年校园安全事件分布特征在整体上没有根本的结构性变化，但是在细节处仍有不同之处被反映出来。首先是校园暴力与欺凌事件的数量和占比相较往年增长较多。在形式上，性侵、虐待等形式的校园暴力与欺凌手段比例增多；从主体上看，来自教师的比例也有所增加。其次，在校园内，以偷拍、造黄谣等为代表的其他类型事件陡升，成为可能引致其他类型事件发生的新问题。此外，学生心理健康状况依旧值得关注。尽管个体身心健康受损事件在统计数量上稍有减少，但其作为其余多类事件的原因或结果的案例并不少见。这同时也意味着，校园安全事件正向愈发复杂的趋势发展。同时，随着我国反诈宣传的进一步深入，校园网络安全事件稍有减少，然而网络受骗事件仍占校园网络安全事件的绝大多数。

（二）事件特征突出人因，心理问题多方面诱发安全事件

在考察并分析2022年的289起校园安全事件后，我们发现，在校园安全事件的致因中，物因逐渐消退，在多个类别的校园安全事件中，与人相关的因素占据了矛盾的主要方面，即人因超越物因成为校园安全事件突出特征。在设备设施安全事件类别中，由于设备设施自身老化等原因造成的事件相对较少，而由于相关校园主体操作失误造成的事件较多。校园暴力与欺凌事件增多并占据最大比重，意味着人因特征在校园安全事件中的占比增大了。此外，未成年人违法犯罪的增多、意外伤害的减少等都表示在校园安全事件中，人因特征愈发明显，而物因特征稍有减少。

在校园安全事件的人因特征中，心理要素占据了较大的部分。以未成年人为主的学生群体，心理尚处于发育和养成期，其心理问题很容易成为校园安全事件的原因与结果。未成年人的心理问题作为中介，串联起了多类校园安全事件。心理问题作为校园安全事件中关键变量的特征有三。其一是心理问题易成为校园安全事件的结果。其二是心理问题易成为校园安全事件的原因。其三是心理问题多为校园安全事件间的链接中介。作为校园安全事件结果的心理问题，多见于校园暴力与欺凌事件中，作为典型结果出现。作为校园安全事件原因的心理问题，则多见于未成年人违法犯罪，如2022年多发的偷拍、盗摄、利用AI换脸造黄谣等事件。而作为校园安全事件间的链接中介的心理问题，则多见于个体身心健康受损事件、校园暴力与欺凌事件中。最典型的表现形式即心理问题作为某类事件的结果，进而成为另一类事件的诱因。抑郁、焦虑为最常见的表现。如由于受到侵害而导致心理问题发生，进而产生自杀或是加害他人的事件。随着社交网络和社交媒体快速侵占学生的更多时间，心理问题的生成与放大越发隐蔽，更需要相关治理主体及时干预。

（三）事件类型融合交叉，致因复杂性亟待系统治理

随着社会的进一步发展，校园环境也在日渐变化。校园安全事件类

型融合交叉。传统的校园安全事件类型已经无法覆盖日益变化的校园安全事件，如影响学校正常运行秩序、威胁师生及组织功能权益的突发事件都被本书纳入校园安全事件的范畴中。在追踪2022年的校园安全事件时，我们发现，有事件与事件相互关联、单一事件兼具多重事件类型属性等特征。

事件类型的融合交叉在2021年即已初见端倪。在上一年度的报告中，我们指出，校园安全事件随着技术的发展，已逐渐演化出"互联网+安全事件"的跨类风险，多类事件在互联网的作用下被挖掘或曝光。同时，我们还指出，在线上要素的催化作用下，传统的类型边界逐渐在变模糊。沿这一视角审视2022年的校园安全事件，我们发现，校园安全事件类型正在进一步融合交叉，具有贯序因果的校园安全事件逐渐突破单一类别的壁垒，呈现系统性、复杂性的后果特征。

事件类型融合交叉的特征之一，就是事件和事件之间存在相互关联，一事件为另一事件原因。校园暴力与欺凌事件同抑郁、自杀一类的个体身心健康受损事件紧密相关。2022年校园安全事件中，有部分个体身心健康受损事件由校园暴力、欺凌引起，并引致自残或自杀的恶劣结果。这些事件的始作俑者，可能是学校中的老师、同学，也可能是并不认识的互联网上的好事者。如某童星在被同学言语欺凌和孤立后，不堪压力选择了跳楼自杀，历经三个半月的抢救才脱离生命危险。而在这过程中，霸凌者及其家长曾迫于压力道歉，但并未有实质性意义。表面上的道歉，掩盖了实质上霸凌的存续，进而导致了新事件的发生。又如某地一初中男生在校园围殴霸凌中自卫反击，刺伤三人被判无罪，被羁押336天后因心理压力过大患创伤应激，最终放弃学业。由一个事件牵涉另一事件，使事件和事件之间存在相互关联，意味着校园安全事件具有一定延续性，需要综合治理。

此外，事件类型融合交叉的特征之二，就是单一事件同时具有多重事件的类型特征。校园安全事件中的单一事件可能呈现出不同类型的校园安全事件所具有的特征，或者说不同校园安全事件类型所具有的特征，共同组成了某例校园安全事件。例如，在涉及网络暴力的校园安全事件中，网络暴力不仅仅只涉及校园暴力与欺凌，甚至还会涉及个人信息泄露等网络安全风险。这些单一事件在进行拆分溯源后，能够看到不同类型的校园安全事件特征。这些特征共同组成的单件校园安全事件，可能使后果效应叠加，甚至产生更加严重的后果。例如，2022年有一名染了粉红色头发的应届毕业生，在考上研究生后，与病床上的爷爷分享自己的收获并发布在网上，随后便遭受了严重的网络暴力。电话、社交账号被曝光，骚扰电话和消息瞬间涌入，亲属和朋友信息被"人肉"。经过半年与抑郁症的对抗之后，最后依旧选择了自杀。在此类校园安全事件中，难以将其明确置入已有的分类框架中，这也对治理此类事件的归口提出了挑战。这意味着，校园安全事件致因的复杂性导致了事件本体的复杂性，由此，系统治理校园安全事件势在必行。

二 校园安全事件特征新变

2022年校园安全事件数量与上一年度基本持平，不同类别的事件表现形式与自身属性均产生了一些新变化，我们将从多方面对2022年校园安全事件的不同呈现进行特点归纳。

（一）校园欺凌事件频发，性侵猥亵增多

校园欺凌现象是我国中小学校园治理的难点，深入探讨欺凌现象的发生机制并寻求治理策略具有必要性和紧迫性。[①] 我们横向对比不同类别的校园安全事件后发现，校园暴力与欺凌事件是2022年校园安全事件分类频数统计的绝对多数。就其数量上看，排名第二的意外伤害事件数量尚不及其一半。就其态势上来看，校园暴力与欺凌事件较上一年同比增长61.2%，总体趋于严重。校园暴力与欺凌事件频发，严重影响着师生的身心健康。尤其是随着校园安全事件的复杂性逐渐凸显，频发的校园暴力与欺凌事件也滋生出了其他类型的校园安全事件。在校园暴力与欺凌事件频发的2022年，有一些隐藏在事件背后的规律性特征。其一是欺凌事件数量增多，伴随着性侵、猥亵案件数量的增长；其二是校园欺凌情形的变化，伴随着主体间关系的变化。

欺凌事件数量增多，伴随着性侵、猥亵案件数量的增长。基于不同的学龄阶段，校园暴力与欺凌事件存在不同的特征，如幼儿园易发生虐

---

① 雷望红、孙敏：《重构时间：校园欺凌现象的发生机制与治理策略》，《中国青年研究》2022年第8期。

童事件，小学、初中、高中、职高易发生围殴、掌掴等形式的事件，而在大专、高校易发生猥亵、殴打等形式的事件。传统校园欺凌的形式包含言语欺凌、身体欺凌、网络欺凌、社交欺凌、财物欺凌、性暴力、关系欺凌、心理暴力等。2022年的校园欺凌事件中，身体欺凌与言语欺凌为最主要的形式，但是网络欺凌和性暴力特征越发明显。尤其是性暴力特征，在2022年的校园欺凌案件中占据了不容忽视的比例，甚至呈现低龄化的趋势。某小学女生遭到四名男生的性侵，而由于年龄过小，不予立案。在性暴力方面，欺凌事件涵盖了从小学到大学的全学龄段，不同学龄段造成的结果有差异，轻至猥亵，重至流产，同时还可能伴随其他类型的校园欺凌情形产生。

校园欺凌情形的变化，伴随着主体间关系的变化。传统的校园欺凌主要发生在老师和同学之间或同学和同学之间，尤见于直观上的相对强者对相对弱者的暴力。然而，在2022年的相关案例中，我们发现存在相对弱者反向输出至相对强者的校园安全事件，并造成了严重后果。这主要体现在女生对男生施加的暴力，以及学生对老师施加的暴力。例如某中学女教师上网课遭遇俗称"网课爆破"的网络暴力，在多次受到侵害后，突发心梗死亡。另外，多种校园欺凌形式混杂，在同一件事情中同时发生，产生的后果在多重形式杂糅之下愈发严重。校园暴力与欺凌事件本身就容易发生在校园的阴暗角落，难以被识别和发现。很多校园欺凌是在相关视频和证据流出的情况下才被人注意到，而非当事人亲口讲出。此类证据在以性暴力为首的校园暴力与欺凌中被当作威胁当事人的工具，带来反复多次的次生校园安全事件。当显性身体欺凌和性暴力不在场时的其余欺凌形式难以被发觉和举证，校园暴力与欺凌治理难度便更添一层。

（二）多类事件物因消退，人因占据主导

对比2021年的校园安全事件分类频数，2022年校园安全事件在设备设施安全、校园周边环境安全和突发灾害事件等以物因为主的事件上数量明显减少，分别降低了52.9%、31.0%和46.7%，这与应急教育紧密相关。然而与之形成对比的是，由于人的原因导致的校园安全事件数量有所上升，在校园暴力与欺凌、个体身心健康受损、网络安全和其他类别事件中都表现出较强的人因特征。

在经过往年顶层发力推动部门协同创新试点，优化体系机制以及接地气的应急教育推动下，我国应急教育落地成效显著，使由物因引发的校园安全事件明显减少。最直观的就是高校实验室安全事件大幅降低和突发灾害损伤的事件明显减少。2022年，许多由物因引起的校园安全事件，因为相关主体具备过硬的应急本领被扼杀在萌芽状态，甚至在事件尚未发生的阶段就已被预防。例如食堂内一充电宝起火，一男生及时用灭火器将其扑灭，避免了更严重的校园安全事件发生。这是校园应急教育的成效，也是我们乐于看到的结果。

然而，尽管由物因引发的校园安全事件数量在减少，但校园安全事件在总体数量上并未减少，这意味着由人因引发的校园安全事件有所增多。在校园安全事件中，人因可以被理解为导致事件发生或者加剧事件后果的人的行为和心理因素。在具体表现上，人因有以下三类特征：一是有意行为特征；二是无意行为特征；三是个人心理特征。

在2022年的热门校园安全事件中，绝大多数事件发端于有意行为。有意行为特征具体表现为：行为人从不安全行为中获益或是以侵害相关主体取乐。在校园暴力与欺凌事件中，大部分涉及身体暴力的校园安全事件都是以侵害相关主体取乐的事件。而在公共卫生事件中，大部分涉及食品安全的事件，则是基于从不安全行为中获取经济利益而产生的。在无意行为特征方面，主要是行为人自身或是侵害者自身不安全行为导致的自身利益受损。最主要的表现形式为意外伤害事件，如戏水导致的溺水、操作不当导致的交通事故以及实践过程中防护不到位导致的意外受伤事件。而个人心理特征方面的原因较难察觉，且与前两类人因特征易存在因果关联。关涉个人心理特征的人因主要有两种情形：一种是由于他人侵害产生心理问题，进而造成更严重的校园安全后果；另一种是由于主体自身存在心理问题，出现对于其他主体的特定侵害行为，例如进入不合时宜的场合进行偷拍、盗摄的行为。

2022年的校园安全事件相较2021年而言，出现了物因逐渐减少、人因逐渐增多的情形，这意味着对于校园安全治理，除了设施设备的安全管理外，更需要对校园主体提供更系统的安全教育。

（三）校园主体违法增多，偷拍成为新问题

校园安全事件中，校园主体违法是一个屡见不鲜的现象，在这中间，未成年人违法也一直是一个相对敏感的话题，低龄未成年人违法是一个理论与实务之间的空隙。追踪2022年的校园安全事件，未成年人违法年龄下探与情节加重，为我们敲响了关注未成年人违法犯罪的警钟。

在2022年所发生的校园安全事件中，校园主体违法成为校园安全的新焦点。校园主体违法增多，表现在违法形式增多与违法数量增多。从数量上看，涉及违法侵害隐私的案例越来越多，仅涉及偷拍的就高达20起。从形式上看，大多数违法行为出现在校园暴力与欺凌事件中。其中，对他人拳打脚踢、掌掴围殴为最常见的形式。除此之外，性侵、猥亵、强奸等涉及违法犯罪。在被曝光出的性侵、猥亵、强奸事件中，学生群体相对较为弱势，在师生关系中相对缺乏反抗空间，易成为受害对象。

但这并不意味着学生就是纯粹的受害主体。在校园安全主体关系之间的变化中，未成年人亦极易触犯法律，这表现在两个方面。其一是出于侵害目的违反法律；其二是出于自保目的违反法律。例如，网课"爆破行为"与欺凌侵害行为，都属于主观意义上法律意识淡薄导致的侵害行为。同时，学生缺乏合法的手段和能力维护自身合法权益也是未成年人违反法律的重要缘由之一。在对2022年相关事件的研究中，我们发现，法律意识淡薄和缺乏合法手段与能力维护自身权益的事实均造成了客观上校园主体违法事件增多。

值得注意的是，在2022年，进入公众视野的校园主体涉性违法数量较之往年有所提升，偷拍、盗摄成为新的焦点问题。在全国多地高校中，偷拍、盗摄的情况偶有所见，部分由警方介入，而部分在学校内部处理。此外，基于偷拍或是利用女生个人信息造黄谣也成了网络信息违法的另一表现形式。由此引出关于未成年人在网络空间中涉及网络暴力、个人信息散布等违反相关法律法规、侵害他人合法权益的情形。由于涉及两性与个人隐私的信息天然具备满足个人窥私欲的特征，在互联网中极易引起传播，进而加剧对被侵害主体的伤害。互联网具有一定程度的匿名性，匿名性带来的言论自由给侵害者造成了无限制自由的错觉，由此形成的网络暴力，侵犯着相关主体的名誉权、肖像权等人格权，严重影响着社会秩序和安全，尤其是影响着青少年一代的健康成长。

三　校园安全事件所暴露的问题

在总结2022年相关校园安全事件时，我们发现了一些值得注意的问题，亟待得到解决。

（一）未成年人法律意识淡薄，普法教育任重道远

首先是未成年人法律意识淡薄，亟待更有效的普法教育落地。青少年时期是人格发展的重要时期，一些青少年在身体与心理之间发育的匹配错位易使情感跃于理性之上，进而沾染上不良习惯并触犯法律。在相关校园安全事件中，未成年人在霸凌过程中的殴打、掌掴等暴力行为与强迫行为明显展现出其对于法律的无知或蔑视。2022年热门校园安全事件中，出现了部分恶性刑事案件，犯案人员均为在校学生。在防范未成年人违法犯罪方面，我国颁布了《中华人民共和国未成年人保护法》《中华人民共和国预防未成年人犯罪法》等法律，相关部门也出台了如《加强中小学生欺凌综合治理方案》等行政法规。现行法律法规已然对校园欺凌行为做出界定，乃至对预防、处置、监督等流程提出要求。然而，在多方主体共同发力应对的情况下，2022年仍出现了较多未成年人违法犯罪的事件，意味着校园安全综合治理仍任重道远。

相对于明显的恶性违法犯罪事件，隐藏在暗处的"软暴力"行为也不容小觑。如"网课爆破"。"网课爆破"是指，网课会议号和密码被泄露之后，不法分子有组织地入侵在线课堂，通过强行霸屏、发送骚扰信息、共享屏幕、开麦辱骂、播放不雅视频等方式恶意扰乱线上教学秩序。当前，职业黑粉、网络水军的"黑手"已经伸向学生，网络暴力黑色产业已经下探至校园空间中。曾有参与"网课爆破"的人员表示，自己并不收费，只是"图一乐"。然而，"乐子"并不能掩盖不法，参与"网课爆破"的"爆破手"对事件性质的严重性缺乏认知，并对自己卷入网络黑产一无所知。

除了缺乏认知卷入黑产外，涉及性骚扰的事件增多也暴露了相关主体法律意识淡薄的问题。在黄色产业链的围猎下，有的学生自甘堕落，做起了内容供应商，通过自己偷拍、利用技术手段换脸等方法损害他人合法权益。匿名的网络平台降低了违法的心理成本，同好的激励助推了违法的动机，导致偷拍、性骚扰乃至强奸等事件屡见不鲜。未成年人法

律意识的淡薄亟待普法教育的推进，同时更需要预防黑色产业的变种侵蚀，留给未成年人一个清朗的空间。

(二) 学生群体心理问题突出，仍待精细问题处置

回顾 2022 年的热门校园安全事件，有极大一部分事件是由学生心理问题诱发的。以未成年人为主的学生群体，心理尚处于发育和养成期，心理问题很容易成为校园安全事件的原因与结果。

心理问题在校园安全事件中扮演着重要角色，一方面校园安全事件不断诱发新的相关校园主体的心理问题；另一方面，经由心理问题引发的校园安全事件也并不少见。由此看来，心理问题作为校园安全事件中的中介，一方面作为校园安全事件的结果，另一方面又成为新的校园安全事件的诱因。在校园安全事件中，学生心理问题主要表现为抑郁与创伤后应激障碍。作为结果的心理问题大多由校园暴力与欺凌引发，在相关案例中，被欺凌对象往往会产生各种各样的心理问题。学生遭遇校园暴力与欺凌或性侵后抑郁屡见不鲜，尝试自杀者也不在少数。此外，校园安全事件一旦发生，就算最终结果差强人意，但已经造成的伤害却是不可逆转的。另外，心理问题往往是导致欺凌行为的一个重要因素，而欺凌行为又会使受害者产生心理问题，两者之间的关系非常密切。作为校园安全事件的心理后果，带来的问题也往往不容小觑，更需要做好预防和治理。

同时，心理问题往往会诱发多类校园安全事件。2022 年，由抑郁和创伤应激障碍造成的身心健康受损事件也并不少见，常见于高坠、自缢等形式，同时，其余心理问题引发的校园安全事件，如由于接触不良文化后产生了心理问题进而闯入私人空间偷拍、盗摄或偷窃女生内衣裤等较往年有所增多，这需要我们保护未成年人的文化空间，也需要我们关注相关校园主体的心理状况。

(三) 违法成本低于治理成本，相关主体有恃无恐

2020 年 5 月，最高人民检察院会同国家监委、公安部等 8 部门联合出台《关于建立侵害未成年人案件强制报告制度的意见（试行）》，在国家层面建立了强制报告制度。然而，面向未成年人案件的治理成本仍旧高于违法成本，最高人民检察院第九检察厅的李峰指出，与同期办理的侵害未成年人犯罪案件总数相比，通过强制报告发现的案件所占比例还

很低。①

违法成本低，主要源于两个方面：一个是施害者与受害者之间的相对地位不平等；另一个则是保护制度落地不到位。施害者与受害者之间的相对地位不平等一定程度上提高了受害者求助的成本，求助者可能会面临心理压力与社会压力的双重考验。而受害者求助成本的提高，变相降低了施害者的违法成本，进而愈发肆无忌惮。而在一些案例中，加害对象往往尚未被举证指控，受害人自己的心理已经无法承受事件所带来的压力，选择了自杀。在保护制度落地不到位方面，李峰指出，强制报告制度存在主观问题与客观问题两个方面。在主观问题中，存在不知报告、不能报告和不愿报告三个层面，分别对应强制报告制度尚未深入人心、强制报告能力欠缺和传统观念束缚强制报告制度发挥其效力三个方面的原因。在客观方面，刚性追责的力度不足、与未成年人保护相关的配套体制机制不到位和与有关法律法规缺乏有效衔接限制了强制报告的效力发挥。②

另一方面，违法成本低还表现在未成年人实施侵害行为的成本低。尽管我国已经颁布并修订了《中华人民共和国预防未成年人犯罪法》等法律，对预防犯罪的教育、对不良行为的干预、对严重不良行为的矫治以及对重新犯罪的预防都做了细化的规定，从链路上完整考虑到其发展情形并提出矫治方法。然而在相关案例中，相关矫治主体的缺位，容易造成法条与现实两相隔离，间接性降低违法成本。同时，未成年人再次实施违法行为的成本同样不高。如在校园暴力、欺凌或性侵事件中，施暴者往往会留存相关视频或照片，以胁迫受害者配合其施暴，在心理上弱化或孤立受害者，往往会造成受害者屡次受害或自寻短见。

违法成本与治理成本之间的不平衡，造成的是相关校园主体违法的心理成本较低、社会成本较低，而刚性追责、配套机制与法规衔接不足所带来的高治理成本又反向助长了校园违法主体的嚣张程度，使相关主体有恃无恐。

---

① 李峰：《试论侵害未成年人案件强制报告制度完善路径》，《中国青年社会科学》2022年第6期。

② 李峰：《试论侵害未成年人案件强制报告制度完善路径》，《中国青年社会科学》2022年第6期。

第二节 应急教育发展概观

依据实践经验、教育目的等，应急教育包括应急知识、应急技能、应急意识和应急心理四个方面的内容。2022年我国应急教育逐渐向常态化转变，教育部门、应急管理部门等多部门协同发力，客观上减少了物因带来的突发事件损害。

一 应急教育概貌

（一）高位重视，应急教育卓有成效

自2005年始，我国的应急教育体系建设经历了较长的探索过程。在这段时间里，我国的应急教育经历了从无到有、从有到优的过程。进入新时代以来，以习近平同志为核心的党中央高度重视应急管理和应急教育，不断推进应急教育宣传工作。2020年，国务院安委会办公室、应急管理部印发《推进安全宣传"五进"工作方案》，将公共安全知识宣传教育作为重点，推进安全宣传进入学校。2021年，应急管理部与中国科协、中宣部、科技部、国家卫健委等部门联合印发《关于进一步加强突发事件应急科普宣教工作的意见》，推动应急教育资源的共建共享，推动了突发事件应急科普的常态化。同时，应急教育科普工作被纳入了《全民科学素质行动规划纲要（2021—2035）》中。在这一纲要中，尤其提及"建立健全应急科普协调联动机制，显著提升基层科普工作能力，基本建成平战结合应急科普体系"[①]。

2022年，中宣部、自然资源部、科技部、应急管理部、中国科协等单位都对健全应急教育工作机制出台了具体的优化方针，我国应急教育机制正在逐步优化和健全。中共中央办公厅、国务院办公厅印发《关于新时代进一步加强科学技术普及工作的意见》；自然资源部办公厅、科学技术部办公厅印发《自然资源科学技术普及"十四五"工作方案》；科技

---

① 中国政府网：《国务院关于印发〈全民科学素质行动规划纲要（2021—2035年）〉的通知》（http://www.gov.cn/zhengce/zhengceku/2021-06/25/content_5620813.htm，2021年6月25日）。

部、中央宣传部、中国科协印发《"十四五"国家科学技术普及发展规划》。多部委联合发力，统筹部署应急教育，高位重视下，应急教育体系得到了较好的建设。

除体系健全、优化，扎实推进之外，扎根落地的应急教育宣传活动也在同步展开。应急管理部、教育部等与应急教育相关的部门，结合全国防灾减灾日、安全生产月、全国科普日、全国科技活动周、全国中小学安全教育日、消防宣传月等重要节点，广泛开展防灾避险应急演练、安全宣传咨询、主题公开课等线上线下活动，大力普及自然灾害、事故灾难、生活安全等应急知识，年均受益5亿余人次。① 在全国防灾减灾日期间，紧紧围绕"减轻灾害风险　守护美好家园"主题，教育部在学校安全教育平台上线专题活动，通过对幼儿阶段、小学阶段、中学阶段的分年龄"微课堂"，有针对性地提升学生应急素养。在追踪2022年相关校园安全事件时，我们发现，相较往年校园安全事件频数，以溺水为代表的意外伤害事件有所减少，尤其是溺水在意外伤害事件中的比例有所降低，这意味着应急教育建设卓有成效。

（二）多位一体，系统联动协同发力

随着社会发展，校园安全事件逐渐呈现出复杂化的特征。多重致因带来的复杂性与事件自身的复杂性都对应急教育提出了系统化发展的需求。2022年，科技部、中央宣传部、中国科协联合印发的《"十四五"国家科学技术普及发展规划》指出，要建立健全国家应急科普协调联动机制，完善各级政府应急管理预案中的应急科普措施，推动将应急科普工作纳入政府应急管理考核范畴。自然资源部办公厅、科学技术部办公厅联合印发的《自然资源科学技术普及"十四五"工作方案》，同样提及应建立健全自然资源应急科普协调联动机制，坚持日常科普与应急科普活动相结合，完善应急管理预案中的应急科普措施。在这些联动协调机制要求中，都提到要"建立应急科普宣教协同机制。利用已有设施完善国家级应急科普宣教平台，组建专家委员会。各级政府建立应急科普部

---

① 中华人民共和国应急管理部：《关于政协第十三届全国委员会第五次会议第02297号（社会管理类214号）提案答复的函》（https://www.mem.gov.cn/gk/jytabljggk/zxwytadfzy/2022zx/202301/t20230119440920.shtml，2022年9月15日）。

门协同机制，坚持日常宣教与应急宣传相统一，纳入各级突发事件应急工作整体规划和协调机制。储备和传播优质应急科普内容资源，有效开展传染病防治、防灾减灾、应急避险等主题科普宣教活动，全面推进应急科普知识进学校、进家庭。突发事件状态下，各地各部门密切协作，统筹力量直达基层开展应急科普，及时做好政策解读、知识普及和舆情引导等工作。建立应急科普专家队伍，提升应急管理人员和媒体人员的应急科普能力"[1]。

在实际工作中，面向校园主体，多地正在逐步探索建设应急科普宣教的系统机制。目前，在学校、应急部门和应急教育基地等平台间已经搭建起了协同宣教等机制。浙江绍兴首推探索"消防副校长"制度和机制，赋予消防副校长包括开展消防宣传"进学校"、开展消防安全服务指导、督促学校落实消防安全责任、闭环整治隐患、制定灭火和应急疏散预案、通报本地区消防安全形势和火灾案例、督促学校开展寒暑假消防安全宣传教育活动、协调消防救援站、配合消防大队做好学校安全负责人年度集中培训、推广全民消防安全学习云平台在内的十项消防安全与教育职责，推动了学校、学生与应急管理部门之间的联动，加强了应急教育的合力。诸暨市教育体育局联合诸暨市平安办、团市委、公安局、应急管理局、民政局等部门以及属地政府、蓝天救援志愿服务中心，成立了三支防溺水安全守护队伍——知识技能宣讲教导团队、水域安全巡逻劝导团队和珠乡应急救援专业团队，通过"专家引领＋全员参与"，全面开展安全主题教育、涉险水域排治、常态化水域巡查等工作，共同为中小学生生命安全保驾护航。

二　应急教育新亮点

应急教育涉及多个方面、多种场景，在应急教育中，区域特征与专常兼备都十分重要。"十四五"国家科普发展规划中指出，要统筹自然灾害、卫生健康、安全生产、应急避难等科普工作，加强政府部门、社会

---

[1] 中国政府网：《自然资源部办公厅　科学技术部办公厅　关于印发〈自然资源科学技术普及"十四五"工作方案〉的通知》（https：//www.gov.cn/zhengce/zhengceku/2002－12/07/content_）5730401. htm）。

机构、科研力量、媒体等协调联动，建立应急科普资源库和专家库，搭建国家应急科普平台。2022年，我国应急教育呈现出以下新亮点。

（一）新技术赋能，更好覆盖生活场景

应急教育要融入具体生活场景，因时因地覆盖到生活场景中去，关键时候才能真正派上用场。应急管理部在其答复政协第十三届全国委员会第五次会议提案的函中提到，各级应急管理部门充分利用机场、车站、码头、广场、公园、影院等公共场所，以及交通工具电子显示屏、楼宇户外广告牌、电子阅报栏等媒介载体，滚动播放生产生活安全常识和应急科普知识，在各地新时代文明实践中心、党群服务中心、社区服务中心等场所设置安全知识宣传点4000余个。[①] 持续推动国家应急广播体系建设，利用村村通、大喇叭等形式，播放安全提示和安全避险常识，协调通信运营商在重要节点发送安全公益短信。不断拓展数字资源，打造中国应急信息网应急科普馆、全民消防学习平台、科普中国"应急科普"专号等国家级应急知识传播平台，推进安全知识普及。结合季节天气变化、自然灾害和事故发生规律特点，在暑期、汛期、森林草原防火期等重要时段，加强与主流媒体合作，刊播电视公益广告，同时加强与央视频、腾讯新闻、新浪微博、抖音、快手、今日头条等平台合作，扩大科普宣传效果。

科学技术是第一生产力，应急教育进入生活场景，离不开新技术的支持。VR、AR等新技术被用到应急教育中。通过VR技术，学生可以身临其境地去到紧急场景中，并根据语音提示、文字提示与生活场景产生互动，通过视觉、听觉和器械反馈实际体验不同行为可能带来的后果，在模拟事件中学习应急知识。当前，多地应急教育基地与学校已经配备有VR设备。在整个体验过程中，学生可以了解不正确和不安全的操作行为可能带来的严重后果，还能够掌握相应的防范知识和应急自救措施。这些知识和措施将帮助他们提高自己的安全避险和自救自护能力，避免遭受不必要的伤害。

[①] 中华人民共和国应急管理部：《关于政协第十三届全国委员会第五次会议第02936号（工交邮电类348号）提案答复的函》（https：//www.mem.gov.cn/gk/jytabljggk/zxwytadfzy/2022zx/202301/t20230119_440919.htm）。

VR、AR 属于广义上的扩展现实技术，即 XR（扩展现实：Extended Reality）技术，这种技术通过计算机将真实与虚拟相结合，打造一个可人机交互的虚拟环境。2022 年，中国应急信息网联合新华网共同研发的 XR 应急安全体验馆解决方案被正式推出，该体验馆集科普、模拟、学习、培训、实操演练为一体，有助于帮助校园主体提高应急相关技能，可以有效减少事故发生。随着第五代通信技术的普及（5G），数字孪生、AI/ML、物联网的出现，它们为 XR 的发展和实现带来了几乎无限的可能性，我国 5G + 智慧教育也正在试点当中。这意味着新技术将更好地赋能应急教育，覆盖全生活场景，提高应急教育水平。

（二）全群体普及，避免弱势群体掉队

应急教育是保护校园主体不受安全风险影响的第一道防线，实现全群体普及是校园主体的保护屏障。2021 年的中国应急教育与校园安全发展报告曾指出，在校学生是一个庞大的群体，逐年递增之下，2021 年已逾 2 亿，且不同年龄段、不同学龄层次与不同地区分布相对复杂，庞大群体加之复杂分布，使常态化应急教育发挥作用较为困难。同时，大水漫灌式应急教育在一定程度上缺乏地区特征与群体特征。在 2022 年，我们发现，应急教育正在惠及全体校园主体，避免弱势群体掉队。

在中国科协、中央宣传部、科技部等《关于进一步加强突发事件应急科普宣教工作的意见》中，专门提到"开展应急科普主题宣教活动。在日常科普中融入应急理念和知识，利用全国防灾减灾日、全国科普日、科技活动周、文化科技卫生'三下乡'、全国安全生产月、119 消防宣传月等时间节点，积极开展知识宣讲、技能培训、案例解读、应急演练等多种形式的应急科普宣教活动。全面推进应急科普知识进农村"[①]。而在《中国科协 2022 年科普工作要点》中，也提到要提升基层科普服务能力，加强农村科普工作，完善应急科普与常态化科普宣教协同联动机制。此外，交通运输部、教育部联合印发的《关于持续深化中小学生水上交通安全教育工作的通知》指出，要推动地方政府加大农村尤其是溺水事件

---

① 中国科学技术协会：《中国科协　中央宣传部　科技部　国家卫生健康委应急管理部关于进一步加强突发事件应急科普宣教工作的意见》（hppt：//www.cast.org.cn/xw/tzgg/KXPJ/art/2020/art_eced483f9bce43a1b920ae307fof7ado.heml）。

多发的偏远地区水上交通安全基础设施建设和宣传教育投入力度，定期组织志愿者团队开展水上交通安全教育和志愿服务。[①] 除党政机关等部门的力量外，也存在许多社会力量加入推动应急教育全群体普及化发展。例如"伊利方舟"项目，从2013年该项目走进云南省大关县开始，就着手建设"伊利方舟安全生态校"，推进儿童安全教育。十年来，从云南省大关县到湖北竹山县、竹溪县，河北大名县，雅安芦山县，甘肃合水县，再到贵州桐梓、西藏山南、内蒙古鄂伦春等地，"伊利方舟"项目帮助全国26个省区41个县市600余所学校开展了应急教育，让近34万名儿童受益。许多偏远地区的孩子树立了安全理念，相关儿童安全教育正在结出累累硕果。此外，学生支教团、学生红会等学生组织也在联合地区红会，把包括紧急救援在内的应急教育和自动体外除颤器设备（AED）送进支教校园，在支教的过程中让师生掌握急救知识，提升校园安全意识。

据国家统计局统计，2022年，我国特殊教育在校学生数达91.9万人。对于特殊人群而言，其在应急教育、应急响应中的声音最弱小，更需要被特殊照顾。2022年4月，国家应急语言服务团在京成立。该服务团由29家高校、企业、协会组织等联合发起，是由志愿从事应急语言服务的相关机构和个人自愿组成的公益联盟组织，针对各类突发公共事件应急处置提供国家通用语言文字、少数民族语言文字、汉语方言、手语、盲文、外国语言文字等方面的语言服务。在2022年的第14个全国防灾减灾日里，江苏首支应急语言服务团在南京特殊教育师范学院正式成立。该服务团将在突发公共事件中随时提供专业教师、学生志愿者，为残障人士提供志愿服务，助其应急避险。无独有偶，深圳消防推出盲文版消防安全知识手册，其消防志愿服务队针对特殊群体，派发定制版消防宣传折页、分发消防知识盲文手册，为近200名残疾人送上关爱"大礼包"，活动派发定制宣传物料1000余份，推动了应急教育向少数弱势群体的普及。

（三）实战式教学，学以致用效果拔群

校园应急教育旨在提高学生应急意识、应急知识和应急技能，形成

[①] 中华人民共和国海事局：《交通运输部办公厅 教育部办公厅 关于持续深化中小学生水上交通安全教育工作的通知》（https://www.msa.gov.cn/html/xxgk/tzgg/qtl/20220701/2BA0C549-E6D5-48E6E-A06E-747E2F3D206F.html）。

健康应急心理，增强和提高人们面对突发事件时的自救互救知识与能力。因此，应急教育不能流于形式。要做好学以致用的应急教育，需要有足够贴近真实的应急场景、充分的应急知识、牢固的应急技能、强大的应急意识和应急心理。2022年，多地创新应急教育学以致用的方式，使校园主体面对各类层出不穷的紧急情况，能够拥有足够的自救意识和互救能力。这与应急教育行动开展息息相关。分析公开数据可发现，2022年校园安全教育落地成效显著，主要表现在实战式教学创新和互救能力提升上。

在能够学以致用的实战式应急教育培养中，涌现出了许多值得学习的实战式教学经验。首先，实战式应急教育需要足够贴近真实的应急场景。2022年，多地积极鼓励建设工程施工单位建设应急教育体验场馆，利用信息化、智慧化、科技化工具，将校园安全教育和VR技术结合，模拟体验火灾、地震、坍塌、高空坠物等灾难事故场景，同时，中国应急信息网XR应急安全体验馆包含VR一体机、全息展示台、3DLED大屏、半实物操作演练系统、体感交互系统、体感墙与互动地幕系统等上百种硬件系统，搭配可兼容多终端的火灾、洪涝灾害、地震、应急救援等海量软件资源，与智慧应急大数据平台、城市应急隐患大数据平台两大平台可进行自由组合，完全贴合使用者的需求，从而提升参观者的体验、学习效果。其次，实战式应急教育需要充分的应急知识和牢固的应急技能。在浙江衢州和湖南衡阳，急救知识和急救技能被纳入考试内容。衡阳市红十字会与市教育局联合下发《关于进一步推进学校应急救护工作的通知》，在衡阳市发布的体育中考改革方案中，将生存技能项目纳入中考内容，急救术（心肺复苏术）被列为中考体育加分项目。而衢州市政府则发布了明确要求，衢州市辖区的高中生毕业前应取得应急救护证书。首先推行这一政策的高中，其毕业生在毕业前需参加6次理论课和10次实操课，才能最终取得红十字会颁发的救护员证书。最后，实战式应急教育需要足够强大的应急心理。在遇到紧急情况时，慌乱往往是造成不可挽回的损失的一大元凶。在预防溺水的教学中，多校采用通过水盆憋气的方式，让学生把脸埋在盛满水的盆中，真切体验"溺水"的感觉。从实际体验出发，以可控的尝试提高防范意识。

在2022年的相关案例中，涌现出了不少学生、老师在具备充足应急知识、应急技能、应急意识和应急心理的情况下，面对突发情况，冷静处置的例子。在中山大学校园内，触电工人被四名学生用 AED 除颤并做心肺复苏；在邵阳街头，71 岁老人摔倒后失去意识，一名路过的高三学生上前为老人做人工呼吸抢救；在浙江海洋大学，学生就餐被鸡骨卡住喉咙，食堂阿姨采用海姆立克急救法"教科书式"急救，10 秒将鸡骨拍出；北京一高校足球场上，一男生突然倒地，呼吸衰弱、心脏骤停，两名有急救经验的同学迅速上前施救，另一名同学飞奔取回 AED，对其进行心肺复苏和除颤救治。大多数冷静处置的案例中，受救方都在黄金时间内获得了援助，恢复了健康。这意味着实战式学以致用的应急教育卓有成效。

三 应急教育短板

2022 年，我国应急教育在体制机制上迈出了一大步，但应急教育面对逐渐复杂的突发事件形式，当前发展仍存在短板和一定缺憾，主要表现在重物因而轻人因，缺乏全领域的应急教育体制机制等。结合国家应急管理与校园安全治理发展方向，我们提出从类型整合及全周期覆盖的两个发展方向思考。

（一）物因安全与人因安全教育割裂

对比 2021 年的校园安全事件分类频数，2022 年校园安全事件在设备设施安全、校园周边环境安全和突发灾害事件等以物因为主的事件方面数量明显减少，这意味着我国现有的应急教育卓有成效，极大地减少了由于不安全物因导致的意外伤害事件。但与此同时，人因特征在校园安全事件中的占比在逐渐增大。这意味着，对于应急教育而言，单纯从应急知识、应急技能、应急意识和应急心理四个部分培育校园主体预防、应对校园安全事件已经不能满足逐渐变化的现实情况和安全需求，以突发灾害逃生、火灾处置、溺水防范、急救常识等为主的物因应急教育内容亟待更新和扩充范围。

2022 年，校园暴力与欺凌、校园主体违法事件逐渐增多，而相对应的教育却远未到位。在面对相对较为血腥、暴力、青少年不宜的校园安全案例中，较难找到教育与保护中间的平衡点，更难以场景化的形式深入课堂中，将其作为重要部分展示给心智尚未成熟的未成年人。在应急教育不足的情况下，普通学生很难正确应对来自人的或故意或无意的伤害，而教师等主体也缺乏相关教育和处置经验，缺乏面向人因安全事件的应对知识、应对技能、应对意识和应对心理准备。在面对由人因造成的校园安全事件时，相关主体缺乏合理合法有效的反制手段与自保措施，导致面对侵害时选择以暴制暴，最后改变了人生的轨迹。

（二）缺乏全领域全周期的教育机制

当下，应急教育面向相关校园主体的应急知识、应急技能、应急意识和应急心理四个主要方面，注重事前预防和事中自救互救，对不同类型的校园安全问题及事后的心理创伤恢复和情绪调节内容涉及较少。在校园安全影响因素日益增多、校园安全事件类型融合交叉、校园安全事件情况愈发复杂的情形下，校园安全事件呈现出事件与事件相互关联、单一事件兼具多重事件类型属性的特征。校园安全事件正在逐渐演变，也呼唤着以关注灾害、意外事件等相关自救互救能力为主的应急教育体制机制向综合多类型校园安全风险的校园安全教育体制机制转换。

缺乏全领域全周期的教育机制，主要表现在：其一，在自然灾害、事故灾难及应急救援外的校园安全应急教育容易流于形式，其原因在于相对敏感的其他校园安全事件类别，尚未有较规范的成文法规定其教育形式与方法。而校园安全事件类型间数量的变化，给传统的应急教育带来了新挑战。其二，从周期上来看，大部分应急教育针对的是事前的预防与事中的应对，相对而言对于事后的恢复教育较为缺乏，当侵害意外来袭，除了做好应对准备与实施好应对策略，还应做好事后的恢复工作，避免由此产生新的问题。然而这一部分的教育在应急教育中相对缺位。校内心理咨询尽管一定程度上能够弥补此类教育缺位的弊端，但对心理咨询的认知和接纳也同样有待应急教育推动与促进。总而言之，越来越复杂的校园安全事件呼吁着全领域、全周期的教育机制出台落地，也呼唤着应急教育转向针对不同主体、不同阶段、不同事由的精细化安全教育。

四 应急教育发展方向

2022 年，习近平总书记在党的二十大报告中指出，坚持安全第一、预防为主，建立大安全大应急框架。沿袭此思路，本书提出应急教育应从传统应急教育出发，打通前后环节，结合校园安全事件具体构成因素，完善校园安全教育体系，使应急教育机制向全领域、全周期的安全教育机制转变。

（一）类型整合，建立大安全教育框架

当前，我国应急教育以客观物因导致的突发事件为主，辅以少量的意外伤害的应急救援等相关教育。然而在观察校园安全事件时我们发现，校园安全事件中物因导致的突发事件比例有所降低，人因导致的突发事件比例正在不断提高。在相对应的教育教学中，与现有的传统类型突发事件应急教育相比，与人因相关的安全教育的比重相对较低、效果相对较弱。而在纷繁复杂的社会中，校园群体可能受到来自社会各界多方面的有意无意损伤。复杂多变的伤害源与相对固定的应急教育之间的矛盾正在逐渐加深，亟待创新解决思路。由此，我们认为应当对不同类型的校园安全教育进行整合，建立大安全教育框架。

完善校园安全教育体系，需要类型整合，将不同类型的校园安全风险源整合进统一有序的安全教育框架中，建立起大安全教育框架。建立大安全教育框架，需要建立区分对象、风险源的分类教授框架。区分对象，即针对学生、家长、教师等不同对象，建立起分对象的教育内容。区分风险源，即除自然灾害、事故灾难、生活安全等相关应急知识外，针对校园暴力与欺凌、心理问题、性骚扰、实验室安全、交通安全、网络安全等相关风险源进行有针对性的教育。同时，结合具体案例，整合不同内容进行跨风险源类型的专题式教育，做到有机的类型整合，提高校园主体防范和应对校园安全事件的知识水平、能力、意识，做好心理建设。

通过类型整合，建立大安全教育框架，做好全领域安全宣传教育工作，广泛普及安全防范、应急避险和自救互救的知识技能，推动提升整体校园安全水平。

（二）未雨绸缪，因时制宜打通全周期

完善校园安全体系，不仅在领域上需要发力综合，更需要在周期上发力整合。2022年，心理问题占据多类校园安全事件中矛盾的主要方面，是诱发多类校园安全事件的因素。例如，校园安全事件事后抑郁和创伤应激障碍产生的身心健康受损相关事件，可以说，心理问题串联起了多重校园安全事件的始终。

校园安全事件带来的心理问题往往对心智不够健全的未成年人有着巨大影响。这呼唤着应急教育向目力所不及的地方延伸，全周期培养具有丰富安全知识、充分自保能力与互助能力、完备的应对意识与强大心理的校园主体。具体而言，要做到未雨绸缪，因时制宜打通全周期。首先，需要弥补针对事后影响消解的教育的缺失。后校园安全事件的相对心理剥离感、应激创伤等应对不仅依靠外力的心理干预与治疗，更需要在事件未发生前就通过安全教育建立起心理防线，减弱其影响。其次，要前瞻性地充分关注校园安全全生命周期可能存在的危险，进而反哺校园安全教育，从应急教育转向大安全教育。

第三节 校园安全治理重点及未来发展趋势

2022年，我国颁布的与未成年人相关的法律、法规、司法解释、部门规章达91部，较2021年有所降低，意味着我国校园安全治理逐步走上正轨。从这些法律法规中，可以窥探到2022年与校园安全治理相关的重要讯息。

一 校园安全治理重点归纳

校园安全事件渐生新变，以人因为主导的校园安全事件与违法犯罪事件增多，意味着校园安全治理面临着新形态与新挑战。本部分我们结合2022年校园安全事件及应急教育发展，梳理校园安全治理的预防与应对，从中寻找校园安全治理重点，并对发展方向及趋势进行探讨。

（一）立足法治，衔接多方

校园安全的治理离不开有效的法律措施与法治保障。习近平总书记在全国教育大会上强调，各级党委和政府要为学校办学安全托底，要依法处理，解决学校后顾之忧，维护老师和学校应有的尊严，保护学生生命安全。近年来，与学校安全相关的法律制度规范不断完善。新修订的《未成年人保护法》《预防未成年人犯罪法》，都用专章规定了未成年人学校保护。教育部单独或联合有关部门共同出台了《学生伤害事故处理办法》《未成年人学校保护规定》《关于完善安全事故处理机制维护学校教育教学秩序的意见》等规范性文件，从加强预防、减少事故，到严格执法、妥善处理纠纷，再到多部门合作，形成共治格局的完整治理体系。如教育部等相关部门高度重视学校安全工作，在落实《民法典》《中华人民共和国未成年人保护法》《校车安全管理条例》等法律法规的基础上，出台了一系列政策举措，与学校安全相关的制度规范不断完善，为学校安全提供了坚实保障。

系统整治需要协调有序的系统架构。国务院专门成立未成年人保护工作领导小组，带动省、市、县三级未成年人保护工作领导小组全覆盖，切实加强统筹协调和督促指导。全国人民代表大会教育科学文化卫生委员会关于第十三届全国人民代表大会第三次会议主席团交付审议的代表提出的议案审议结果的报告中指出，"学校安全立法涉及的问题比较复杂，需要做好多个部门、多部法律之间的协调衔接，有必要把学校安全纳入法制化轨道，建立健全矛盾纠纷多元化解机制。目前，国务院有关部门正在积极推进学校安全立法，已经研究形成了学校安全条例的草案稿，力争在行政法规层面的立法取得突破。议案中提出的许多立法具体建议与全国人大常委会正在审议修改的预防未成年人犯罪法密切相关，建议统筹考虑学校安全立法与《刑法》《行政处罚法》《未成年人保护法》《预防未成年人犯罪法》之间的关系，妥善处理好法律之间的衔接问题"[1]。

（二）保育防治，同步推进

校园安全治理涉及保护、教育、防范与治理等工作，针对未成年人违法犯罪数量上升、违法犯罪年龄下降、犯罪类型集中的犯罪特点，最高人民检察院等相关党政机关与时俱进强化未成年人在校园安全方面的保、育、防、治。

在校园安全治理中，对未成年人的保护方面，《未成年人保护法》提出"六大保护"，即家庭保护、学校保护、社会保护、网络保护、政府保护、司法保护。在校园安全治理中，司法保护相对而言是效率与威慑力

---

[1] 全国人民代表大会：《全国人民代表大会教育科学文化卫生委员会关于第十三届全国人民代表大会第三次会议主席团交付审议的代表提出的议案审议结果的报告》（https://npc.gov.cn/npc/c30834/202102/46b8ad93f8224d5289895f695b4a8490.shtml）。

较高的保护手段。2022年10月28日，在第十三届全国人民代表大会常务委员会第三十七次会议上，最高人民检察院检察长在《关于人民检察院开展未成年人检察工作情况》的报告中，87次提到保护，以司法保护推动"六大保护"融合、协同发力。创新方式，创作年轻人喜闻乐见的电视节目，开展巡讲活动，完善校园法治副校长制度等，推动校园安全治理中的保护工作切实有效实行。[①] 此外，坚持"双向保护"，既用心帮教涉罪未成年人，又全力关爱救助未成年被害人。

在校园安全治理的教育工作中，我国最高检从多重角度推动对不同主体的教育工作。根据最高检2022年工作报告，在校园安全治理教育工作中，我国最高检全面履职开展教育工作。针对家长，印发在办理涉未成年人案件中全面开展家庭教育指导工作意见，发布典型案例，推动对"问题父母"的家庭教育指导。针对学校，制发专门规定，全面推进检察官担任法治副校长工作，全国3.9万余名检察官在7.7万余所学校担任法治副校长，实现四级检察院检察长全覆盖。针对学生，联合中央广播电视总台制作播出未成年人法治教育节目《守护明天》，精心制作微电影、微视频、微动漫等法治宣传作品。[②]

在校园安全事件的防范方面，更多主体参与了相关工作。中央文明办、文化和旅游部、国家广播电视总局、国家互联网信息办公室发布了《关于规范网络直播打赏加强未成年人保护的意见》；国务院未成年人保护工作领导小组办公室印发了《未成年人文身治理工作办法》；中国互联网协会发布《互联网企业未成年人网络保护管理体系》的团体标准；《中小学、幼儿园安全防范要求》也经市场监管总局（标准委）批准发布开始施行。

在校园安全事件特别是未成年人违法犯罪的针对性治理方面，习近平总书记强调："法治建设既要抓末端、治已病，更要抓前端、治未

---

① 中华人民共和国最高检察院：《最高人民检察院关于人民检察院开展未成年人检察工作情况的报告》（https://spp.gov.cn/spp/xwfbh/wsfbh/202210/t20221029_591185.shtml）。

② 中华人民共和国最高检察院：《最高人民检察院关于人民检察院开展未成年人检察工作情况的报告》（https://spp.gov.cn/spp/xwfbh/wsfbh/202210/t20221029_591185.shtml）。

病。"① 最高人民检察院检察长指出，深化治理、源头预防，是最实、最有效的保护。② 最高人民检察院要求，办理涉未成年人案件，不能止于办好个案，更重要的是针对个案、类案发生的原因，做实诉源治理，力防相关案件反复发生。而针对侵害未成年人犯罪发现难、发现晚问题，我国建立了强制报告、入职查询制度；同时，针对未成年罪犯刑满释放后难以融入社会的问题，最高人民法院、最高人民检察院、公安部、司法部印发了《未成年人犯罪记录封存的实施办法》，确立了未成年人犯罪记录封存的制度，最大限度挽救违法、涉罪的未成年人。

校园安全治理涉及多任务的复杂情境，需要多主体参与，由此关涉多方协同的开展。在校园安全治理方面，基于多主体协同的集成治理，已经涌现出优秀样本。温州市乐清市教育局抓住"智慧教育示范区"的创建契机，建设了包括"校园安全治理一件事集成改革系统"在内的智慧教育生态体系。这一集成系统通过全面覆盖的预警体系满足了隐患预防需求，通过建立协作处置机制实现了部门联动协同闭环。同时，该系统通过厘清部门边界、打通数据孤岛、推动部门协同、删除冗余流程，提升了工作效率。该系统还结合先进 AI 技术，实现了其在校园安全管理、学生安全守护、校外安全协同处置等场景下的覆盖、落地。③

（三）落实检察，严惩侵害

有法可依、有法必依、执法必严、违法必究是社会主义法制的基本要求。对于未成年人违法的专项整治，我国最高人民检察院坚持"零容忍"原则，从严惩治侵害未成年人犯罪，并以推进未成年人检察专业化建设为契机，创新部署未成年人检察业务集中统一办理，把涉未成年人刑事、民事、行政、公益诉讼检察案件，归口未成年人检察机构统一办理，打好未成年人权益保护"组合拳"。检察机关在涉未成年人案件办理中会综合审查有无犯罪侵害发生、是否涉嫌刑事犯罪；确认为刑事案件

---

① 中国政府网：《坚定不移走中国特色社会主义法治道路为全面建设社会主义现代化国家提供有力法治保障》（https://www.gov.cn/xinwen/2021-02/28/content_5589323.htm）。
② 中华人民共和国最高检察院：《最高人民检察院关于人民检察院开展未成年人检察工作情况的报告》（https://spp.gov.cn/spp/xwfbh/wsfbh/202210/t20221029_591185.shtml）。
③ 温州市教育局网：《校园安全，如何一件事集成治理？未来教育 智慧先行》（https://edu.wenzhou.gov.cn/art/2022/10/9/art_1228965195_59024171.html）。

的，同时研判涉案未成年人民事、行政权益及公共利益是否遭受损害，更加注重系统维护未成年人合法权益。

严惩侵害除了在事件发生之后追责外，更需要吸取前车之鉴，未雨绸缪，破坏侵害可能滋生的温床。2022年，最高人民检察院首次发布以"未成年人保护检察公益诉讼"为主题的指导性案例，针对如点播影院、电竞酒店、剧本杀等新兴业态，提供指导准绳。部分新兴业态由于业务前卫、在面向未成年的业务中，有许多游走在法律的边缘，存在极大的风险，客观上构成了侵害滋生的温床。如点播影院包间高度私密、变相提供住宿、未成年人无须身份验证随意进出；电竞酒店以混业经营模式，存在他人代开房、一人开房多人上网等现象及违规向未成年人出售烟酒的情况；电子烟伪装为其他产品在学校门口被兜售给未成年人等，都在法律的空子间反复横跳。如强奸、猥亵、误吸毒品等不法侵害在此类场景中产生的可能性极大，隐藏着新兴业态行业监管部门不明或履职不到位的问题以及行业治理难题。该指导性案例的发布，明确了部分相关行业内乱象的权责关系，推动了未成年人侵害惩治向事前预防转换的脚步。

二 校园安全治理发展趋势

2022年，校园安全事件数量相对持平，但物因退、人因进的总体格局依旧为校园安全治理带来了更多亟待解决的问题。我国在体制上系统推进多方发力，机制上保护、教育、防范、治理同步推进，对新问题、新表现的持续跟踪，都在使校园安全治理格局趋于完善。基于校园安全与应急教育发展逻辑，本节将对未来发展方向与趋势进行探讨，以期提升校园主体的安全能力与水平，减少校园安全事件的发生。

（一）以育人为根本，精细化校园安全教育

校园安全治理主要靠防治结合。防主要依靠以校园安全教育为抓手的教学和培养。结合2022年相关校园安全事件与应急教育特征，要从根本上提升校园安全治理效能，仍需要培养好相关校园主体，做好校园安全教育，从根本上提升全主体的安全能力与安全水平。

精细化校园安全教育，首先需要充分利用新技术优化教育效果，覆盖全校园安全教育场景。校园安全教育以应急教育为主，当前我国已经建立起了以增强现实为技术手段、集科普、模拟、学习、培训、实操演练为一体的安全体验馆解决方案。然而此类安全教育尚不能满足逐渐变化的校园安全形势，在对由人因导致的校园安全事件教育中，相对较为乏力。在技术日新月异的今天，应充分利用新技术，将不同类别的校园安全事件结果整合到教育过程中，给学生以切身的体验，推动校园安全教育覆盖更广泛的场景，以沉浸式教育的方式增强教育效果。

其次，精细化校园安全教育，需要注重学生心理健康，以颗粒度更细的教育理念关注到难以被触及但却影响校园安全事件发展的领域，推动校园安全教育建立更稳定的基础和信心。校园安全事件往往会对校园主体产生不同程度的心理影响，未雨绸缪的心理教育与提前疏导将会在校园安全事件中起到减小事件影响和预防次生事件发生的作用。

防患于未然的校园安全治理需要关口前移。关口前移的核心是校园主体能够有能力与水平规避、预防与化解校园安全风险。这离不开精细化的校园安全教育。同时，研究指出，学校反欺凌氛围、教师干预信念对不同类型干预行为的影响存在差异，这意味着精细化校园安全治理必须坚定教师干预信念，使教师积极采取预防型干预行为，防控风险。①

（二）以安全为纽带，塑造校园大安全格局

随着校园安全事件越发复杂，校园安全事件类别关系也逐渐模糊，跨类事件与跨期事件频发，对校园安全治理带来了极大的挑战。我国当前已经构建了基于未成年人保护的检察体制机制，已经拥有了成体系的应急科普教育体制机制，而在校园安全治理中，更需要推动以安全为着眼点的校园大安全格局，将不同类别的安全保护、教育、防范、治理融合到统一的框架中，形成上下联动、左右沟通、灵活治理的校园安全治理格局。

构建校园大安全格局，首先需要理顺有效的多方协同体制。在我国条块分割的行政体制下，针对不同校园安全事件的不同方面，各部门、各级机构承担着不同的责任。但究其本质，这些机构都在为更安全的校园环境同向发力。在对我国校园安全治理的追踪过程中，我们发现，我

---

① 张桂蓉、张颖、顾妮：《学校反欺凌氛围对教师预防型干预行为的影响：干预信念的中介作用》，《广州大学学报》（社会科学版）2022年第2期。

国校园安全治理体制机制正在随着校园安全事件的变化而逐渐发生改变。在党的二十大报告中，习近平总书记指出要建立大安全大应急框架。从这一思路出发，我们认为应打通校园安全治理的前后环节，结合校园安全事件具体构成因素，由政府统一领导，社会多部门参与，合理整合可用社会资源，对造成校园主体、校园秩序的各种危害或威胁给予全面、系统的预防和治理。

构建校园大安全格局，还需要塑造专常兼备的处置机制。在面对复杂且边界愈发模糊的校园安全事件时，专常兼备的处置机制与能力储备十分重要。校园安全事件的处置较为考验相关主体的治理水平，既要能够面对复杂情况制衡校园主体之间的关系分歧，在维护校园安全的同时保护好相关主体的身心健康，避免事件进一步激化；又要能够面对相对单一状况，以合情、合理、合法的应对手段，精细化地将事件的影响化解至最小。

因此，应以育人为根本，推动校园主体安全能力及意识提升，做到本质安全；应以安全为纽带，塑造大安全格局，以国家力量为校园安全兜住底线，守护学生茁壮成长。

第 二 章

校园公共卫生政策梳理与管理实践

《中华人民共和国传染病防治法》规定了数十种传染性疾病，仅在21世纪的前二十年，国际上就先后受到了SARS（2002）、H1N1（2010）、H7N9（2017）、Covid-19（2019）等突发公共卫生事件的冲击。据相关数据显示，我国突发公共卫生事件70%发生在学校，[①] 而校园人口集聚，必然会成为防治突发公共卫生事件的重要战场。2022年教育部工作要点也明确指出，要从严从紧科学精准做好教育系统新冠疫情常态化防控，确保师生生命健康，[②] 可见校园公共卫生管理工作在校园工作中的重要地位。本章通过梳理2022年校园公共卫生政策来分析该年度校园公共卫生管理工作的总体状况，并通过相关典型案例对校园公共卫生管理实践现状和难点进行梳理，尝试为未来的校园公共卫生管理提供应对之策和经验启示。

第一节 校园公共卫生政策概述

一 校园公共卫生政策梳理

依据《突发公共卫生事件应急条例》（以下称《条例》），学校语境

[①] 中华人民共和国中央人民政府：《我国突发公共卫生事件70%发生在学校 应做好防控》（https://www.gov.cn/zxft/ft11/content_573783.htm）。

[②] 中华人民共和国教育部：《教育部2022年工作要点》（http://www.moe.gov.cn/jyb_sjzl/moe_164/202202/t20220208_597666.html）。

下的突发公共卫生事件可概括为突然发生，造成或者可能造成学校人员健康严重损害的重大传染病疫情、群体性不明原因疾病、重大食物和职业中毒以及其他严重影响学校人员健康的事件。[①] 为有效分析学校公共卫生政策的整体发布状况，本节对我国国家层面颁布的与校园有关的公共卫生政策进行量化分析，数据查询时间段为2022年1月1日至2022年12月31日，数据来源为中央人民政府网站、中华人民共和国教育部政府网站、北大法宝法律数据库和国家法律法规数据库。为增加政策文件收集的全面性，根据《条例》定义在上述四平台高级检索栏先后以"公共卫生""传染病""疾病""食品安全""新冠疫情"为关键词搜索，经过人工筛选，剔除新闻动态、政策解读、主题不符等不相关及重复的政策文件，共得到18份校园公共卫生政策文件（见表2-1）。

表2-1　　　　2022年我国校园公共卫生政策文件梳理情况

序号	发布时间	文件名称	重点关注领域
1	2022.01.13	《教育部办公厅关于切实做好岁末年初及寒假期间校园安全工作的通知》	传染病防控 食品安全 校园设施
2	2022.02.17	《市场监管总局办公厅、教育部办公厅、国家卫生健康委办公厅、公安部办公厅关于统筹做好2022年春季学校新冠肺炎疫情防控和食品安全工作的通知》	传染病防控 食品安全
3	2022.02.25	《教育部办公厅关于开展2022年"师生健康　中国健康"主题健康教育活动的通知》	传染病防控 近视防控 防病教育
4	2022.03.09	《教育部办公厅关于做好教育系统2022年世界防治结核病日宣传教育活动的通知》	传染病防控
5	2022.03.25	《教育部办公厅关于印发学生疫情防控期间学习生活健康指南的通知》	传染病防控

---

① 中华人民共和国中央人民政府：《突发公共卫生事件应急条例》（https://www.gov.cn/zhengce/2020-12/26/content_5574586.htm）。

续表

序号	发布时间	文件名称	重点关注领域
6	2022.04.07	《国家卫生健康委办公厅、教育部办公厅关于印发高等学校、中小学校和托幼机构新冠肺炎疫情防控技术方案（第五版）的通知》	传染病防控
7	2022.04.13	《教育部办公厅关于印发〈学校教职员工疫情防控期间行为指引（试行）〉的通知》	传染病防控
8	2022.05.17	《市场监管总局办公厅关于加强2022年高考中考期间校园食品安全监管工作的通知》	食品安全
9	2022.05.26	《教育部应对新冠肺炎疫情工作领导小组印发通知部署统筹做好当前教育系统疫情防控和教育教学工作》	传染病防控
10	2022.05.30	《教育部办公厅关于加强学校校外供餐管理工作的通知》	食品安全
11	2022.06.03	《关于做好全国高校学生离校返乡新冠肺炎疫情防控工作的通知》	传染病防控
12	2022.06.20	《教育部办公厅关于做好2022年中小学暑期有关工作的通知》	传染病防控 食品安全
13	2022.06.28	《关于印发新型冠状病毒肺炎防控方案（第九版）的通知》	传染病防控
14	2022.08.24	《教育部办公厅、国家疾控局综合司关于印发高等学校、中小学校和托幼机构新冠肺炎疫情防控技术方案（第六版）的通知》	传染病防控
15	2022.08.24	《市场监管总局办公厅、教育部办公厅、国家卫生健康委办公厅、公安部办公厅关于做好2022年秋季学校食品安全工作的通知》	食品安全
16	2022.10.31	《教育部等七部门关于印发〈农村义务教育学生营养改善计划实施办法〉的通知》	食品安全
17	2022.11.23	《教育部办公厅关于做好2022年"世界艾滋病日"主题活动的通知》	传染病防控
18	2022.12.27	《教育部应对新型冠状病毒感染疫情工作领导小组关于印发〈学校新型冠状病毒感染防控工作方案〉的通知》	传染病防控

校园公共卫生作为近年来备受关注的热点话题，受到全社会的关注。除上述中央层面制定的政策外，2022年各级政府和学校也制定了相关文件和实施方案，以加强地方校园公共卫生管理和应对能力。如《广州市学校安全管理条例》《安徽省学校安全条例》《辽宁省食品安全条例》《广州市新型冠状病毒肺炎疫情防控指挥部办公室教育疫情防控工作专班关于2022年秋季学期12月19日起全市中小学幼儿园教育教学安排的通告》《福建省教育厅办公室关于组织开展教育系统新冠肺炎疫情防控专题培训的通知》等，围绕传染病防控、食品安全等主题开展2022年校园公共卫生管理工作。

二 校园公共卫生政策与管理分析

鉴于校园公共卫生管理工作的特殊性，校园公共卫生管理政策的出台与校园人群集中、流动频繁的特性密切相关。因此，相较于其他的公共卫生政策，校园公共卫生政策在参与主体和管理对象上存在特殊性。本部分基于上述整理的政策文件，分析校园公共卫生政策的特征。

（一）校园公共卫生政策总体特征

校园公共卫生深受政府、社会、舆论的关注，学界有研究认为校园公共卫生安全事件主要有三个类别：一是造成师生健康严重受损的重大传染病，包括呼吸道传染性疾病和肠道传染性疾病暴发；二是不明原因的学生群体性疾病暴发；三是重大食物中毒。[1] 结合表2-1可见，2022年校园公共卫生管理涵盖了传染病防控、食品安全、校园设施、健康教育、防病教育等多方面内容。但结合2022年的现实情况和上述重点关注领域比例可以发现，2022年校园公共卫生管理的工作重点必然在于校园传染病防控工作。

一是呼吸道传染性疾病防控，自2019年新冠疫情暴发以来，疫情传播得到了很大控制，但2022年的疫情防控形势依然严峻复杂，防控任务仍然艰巨繁重。2022年正是疫情防控"外防输入、内防反弹"的关键时

---

[1] 韩国元、冷雪忠：《国内公共卫生安全研究的文献计量分析》，《中国安全生产科学技术》2022年第1期；余柯、李晓红、杜一华等：《学校突发公共卫生事件的特点及其预防》，《教学与管理》2012年第10期。

期和吃紧阶段,学校作为疫情防控的重要阵地,是巩固全社会防控成果的重要力量。因此,2022年校园公共卫生管理工作的重点之一为呼吸道传染性疾病防控。

二是肠道传染性疾病防控,从表2-1可见,食品安全是校园公共卫生管理工作中除传染病防控以外的另一关注热点,需要注意的是,食品安全不仅关涉校园食物中毒事件,还与肠道传染性疾病密切相关,食品污染、食品储存不当、食品加工不卫生等问题都有可能导致肠道传染性疾病的发生,对学生的健康造成威胁。

三是其他损害师生健康的传染性疾病防控,除上述所言的新冠防控和肠道传染性疾病防控外,以季节性流感、结核病、艾滋病等为代表的常见传染性疾病防控也是2022年校园公共卫生管理工作的重点。

(二)校园公共卫生管理参与主体分析

公共卫生事件的突发性预示了校园公共卫生管理工作的艰巨性和复杂性,其工作过程需要多个主体的参与,也必然会涉及角色分工。因此,本部分基于上述18份政策文件,通过人工文本编码对政策中的参与主体进行分析、统计归类,以整体描绘校园公共卫生管理中各主体的参与画像。按照"政策文件—内容分析单元—参与主体—主体范畴"的模式对文本进行编码,得出校园公共卫生管理主体的参与状况(见表2-2)。

表2-2　　　　校园公共卫生管理参与主体文本编码示例

政策文件	内容分析单元	参与主体	主体范畴
《市场监管总局办公厅、教育部办公厅、国家卫生健康委办公厅、公安部办公厅关于统筹做好2022年春季学校新冠肺炎疫情防控和食品安全工作的通知》	各地市场监管、教育、卫生健康、公安部门要按照国务院联防联控机制关于学校新冠肺炎疫情防控要求,在当地党委和政府统一领导下,将春季学期开学学校疫情防控和食品安全工作同部署、同谋划、同落实,细化工作方案和工作措施,压紧压实工作责任。	市场监管、教育、卫生健康、公安部门	政府

续表

政策文件	内容分析单元	参与主体	主体范畴
《市场监管总局办公厅关于加强2022年高考中考期间校园食品安全监管工作的通知》	各地市场监管部门要严格执行《食品安全法》及其实施条例、《学校食品安全与营养健康管理规定》的规定，督促学校和校外供餐单位严格执行《餐饮服务通用卫生规范》（GB31654—2021）要求	市场监管部门	政府
《教育部办公厅关于切实做好岁末年初及寒假期间校园安全工作的通知》	各地各校要根据新冠肺炎疫情防控形势，实施科学防控、动态调整、精准施策，坚持把好"校门关"	各地学校	学校
《教育部办公厅关于印发〈学校教职员工疫情防控期间行为指引（试行）〉的通知》	校（楼）门值守人员、保洁人员和食堂工作人员等应接种新冠病毒疫苗，工作期间全程佩戴医用外科口罩或以上级别口罩，佩戴一次性手套，口罩弄湿或弄脏后，及时更换	教职工	个人
《国家卫生健康委办公厅、教育部办公厅关于印发高等学校、中小学校和托幼机构新冠肺炎疫情防控技术方案（第五版）的通知》	师生员工应遵守学校校门管理规定，尽量减少出校。学生做到学习、生活空间相对固定，对于因找工作、实习等原因，确应出校的，履行相应程序，允许进出校	师生	个人
《教育部应对新型冠状病毒感染疫情工作领导小组关于印发〈学校新型冠状病毒感染防控工作方案〉的通知》	卫生健康、疾控等部门指导学校疫情防控，支持学校健康驿站建设、医护人员培训、医疗物资储备以及重大风险处置，建立校内有关人员转至相关医疗机构救治绿色通道	疾控机构	社会
《关于印发新型冠状病毒肺炎防控方案（第九版）的通知》	级各类医疗机构要加强流行病学史采集和发热、干咳、乏力、咽痛、嗅（味）觉减退、腹泻等症状监测	医疗机构	社会

续表

政策文件	内容分析单元	参与主体	主体范畴
《市场监管总局办公厅 教育部办公厅 国家卫生健康委办公厅 公安部办公厅关于做好2023年春季学校食品安全工作的通知》	鼓励家长委员会等参与校园食品安全管理，营造良好社会共治氛围	家庭	社会
《市场监管总局办公厅 教育部办公厅 国家卫生健康委办公厅 公安部办公厅关于做好2022年秋季学校食品安全工作的通知》	市场监管部门要持续推进校外供餐单位和学校食堂"互联网+明厨亮灶"等智慧管理模式提质扩面	企业	社会

从表 2-2 可以看出，政府（教育部门、市场监管部门等）、学校（托幼机构、中小学、高等学校）、个人（教职工、学生）、社会（企业、疾控机构、医疗机构、家庭等）是校园公共卫生管理工作的主要参与主体。首先，政府作为各项政策文件的发布主体，在校园公共卫生管理工作中必然起着主导作用。其次，学校作为校园公共卫生管理的主角，是政策的主要执行者，应当负有校园公共卫生管理的主要责任。另外，学校、师生主体、社会范畴的联防联控在校园公共卫生管理中的参与也不可忽视，综合上述文本编码结果可以发现，2022 年的校园公共卫生管理工作呈现出"政府主导、学校主体责任、学生和教职工参与、社会支持"的多主体参与模式。

（三）校园公共卫生管理对象分析

结合《条例》规定，学校视角下的校园公共卫生管理旨在有效预防、及时控制和消除突发公共卫生事件的危害，保障师生身体健康与生命安全，维护正常的教学秩序，保证校园安全。通过梳理 2022 年的公共卫生政策文件文本可以发现，对学生、教职工、校园环境进行有效管理是实现上述目标的重要途径。

首先，学生作为学校占比最大、最活跃的群体，其在校园中的生活和行为会直接影响校园公共卫生管理的开展，是校园公共卫生管理中最重要的管理对象。根据上述政策文件，校园公共卫生管理对象中的学生又被细分为了托幼机构、中小学校和高等学校多个层级，并根据各级学生特点实施分类管理。

其次是教职工，教职工是仅次于学生群体的校园活跃群体，其不仅是校园公共卫生管理的管理主体，更是校园公共卫生管理的管理对象。在校园活动中，他们承担着教学、管理和服务等职责，需要保持身体健康以提供稳定的教育环境。同时，教职工与学生一样，需要接受校园公共卫生管理制度的相关管理和指导，以保持个人卫生和预防疾病的传播。

最后是校园环境。校园环境是学生、教职工生活和学习的背景，其卫生状况对校园公共卫生管理起到关键的作用。宿舍、图书馆、教室等常见场所是学生及教职工生活和学习的核心区域，也是学校公共卫生事件发生的重点区域，因此，在校园公共卫生政策中，明确提及了校园环境管理的重要性，如在校园新冠疫情防控的相关方案中，就强调了需要加强食堂卫生管理和公共场所管理，以防止疫情传播。

综上，学生、教职工和校园环境是校园公共卫生管理的重要管理对象，其中，作为校园主体群体的学生和教职工，因其活动范围广泛，流动性高，是最主要的管理对象，而作为校园公共卫生安全运行保障的校园环境，也被纳入了校园公共卫生管理的管理对象。

第二节 校园公共卫生管理典型案例分析

通过梳理2022年校园公共卫生政策的总体特征可以发现，传染病防控是2022年校园公共卫生管理工作的重点，同时，呼吸道传染性疾病、肠道传染性疾病以及其他损害师生健康的传染性疾病是2022年校园传染病疾病的防控要点，因此，本节选取上述传染性疾病中的典型案例，以展现2022年学校传染病防控工作的行动实践和工作特点。

一 呼吸道传染性疾病防控典型案例

新型冠状病毒（2019-nCoV，以下简称新冠病毒）是β属冠状病毒，人群普遍易感。主要传染源是新冠确诊病例和无症状感染者，呼吸道飞沫和与传染源密切接触是其主要传播途径，此外，该病毒在相对密闭空间内会通过气溶胶传播，接触被其污染的物品后也可能造成感染。[①] 截至2022年12月31日24时，据31个省（自治区、直辖市）和新疆生产建设兵团报告，存有确诊病例66298例（其中重症病例2718例），[②] 全国新冠疫情防控形势仍十分严峻。因此，选取2022年校园疫情防控工作事例作为典型案例具有代表性。

（一）案例主体

2022年，全国疫情呈现多点散发趋势，校园疫情防控工作以"防"为主，防治结合。以高校疫情防控为例，高校校园普遍具有普通居民社区的居住属性和作为社会生产单位的生产属性。[③] 因此，相较于中小学校园和托幼机构校园而言，高校校园需要承担相对较高的疫情防控压力，但另一方面，高校的特殊属性也有助于社会疫情防控防线的建立。

福建师范大学[④]和山西医科大学[⑤]的疫情防控案例就很好印证了上述观点。面对严峻的疫情形势，福建师范大学法学院积极响应学校疫情防控工作部署要求，通过党委牵头部署疫情防控工作、师生加强防疫宣传教育、学子积极投入志愿活动等方式开展校内疫情防控工作，快速反应、沉着应对，扛起职责、严抓落实，多措并举，筑牢疫情防控战斗堡垒。

[①] 中华人民共和国中央人民政府：《关于印发新型冠状病毒肺炎防控方案（第九版）的通知》（https://www.gov.cn/xinwen/2022-06/28/content_5698168.htm）。

[②] 中国疾病预防控制中心：《截至12月31日24时新型冠状病毒感染疫情最新情况》（https://www.chinacdc.cn/jkzt/crb/zl/szkb_11803/jszl_11809/202301/t20230101_263164.html）。

[③] 王培石：《高校校园疫情防控管理问题研究》，《中国高等教育》2022年第9期。

[④] 中国新闻网：《福建高校战疫进行时 师生同心 筑牢校园健康防线》（http://www.fj.chinanews.com.cn/news/fj_tzyw/2022/2022-03-30/499999.html）。

[⑤] 中华人民共和国教育部：《山西医科大学1815名师生主动请缨投身校外疫情防控——发挥医学专业特长助力抗疫》（http://www.moe.gov.cn/jyb_xwfb/moe_2082/2022/2022_zl32/202212/t20221219_1035011.html）。

而山西医科大学除专心做好校内疫情防控工作，还在社会疫情防控工作中积极发挥作用。一是为疫情防控流调工作贡献力量。山西医科大学公共卫生学院2021级研究生李同学第一时间参与了临汾市疫情防控电话流调工作，运用自身专业知识判断涉疫人员行程轨迹的合理性，帮助相关部门精准溯源。二是"智囊"作用发挥，山西医科大学充分利用大数据研判分析，助力疫情防控，为动态调整防控策略、跟进实施防控措施、及时补短板强弱项等建言献策。三是通过心理疏导守护学生心理健康。为有效应对校园封控期间师生可能产生的心理压力、不良情绪及突发心理状况，山西医科大学整合该高校学科优势，构建起全周期覆盖、全平台支持、全天候陪伴、全方位育人的心理防疫矩阵，及时为处于心理困扰的学生排忧解难，守护学生心理健康。四是通过志愿活动助力疫情防控。这与福建师范大学不谋而合，疫情发生以来，山西医科大学积极组建志愿者队伍，在各媒体平台播出系列科普宣传微视频42个，用通俗易懂的形式向广大公众普及疫情防控科学知识，用实际行动助力筑牢社会"抗疫"防线。

（二）案例分析

在举国抗疫的斗争中，高校因人员流动大、人群类型多等因素，疫情外溢风险高，但同时，高校也是宣传、落实中央疫情防控思想的主阵地[①]和疫情防控力量的重要支撑。福建师范大学师生同心，筑牢校园健康防线，山西医科大学1815名师生主动请缨，发挥医学专业特长助力抗疫，全国各高校通过志愿服务，创新科普等方式助力校园疫情防控及社会疫情防控工作。

截至2022年12月31日，以"高校疫情防控"为关键词在中国知网搜索，可发现120篇与其主题相关的核心期刊文章，而与"托幼机构疫情防控"和"中小学疫情防控"主题相关的核心文章分别为3篇和10篇。从学界研究的数量来看，学界对高校疫情防控的关注度高于另外两个学段。此外，高校学生普遍对于防疫科学、防疫规则有较清晰的认

---

① 李键江、花筝、彭冬艳：《疫情防控常态化时期高校思政教育面临的挑战及其应对》，《中学政治教学参考》2022年第8期。

识，① 在防疫知识的接受度上较高，同时，也有志于参与或主动配合疫情防控的相关工作。因此，充分发挥高校学生在校园疫情防控中的作用，是筑牢高校疫情防控安全线的要点，也是学界探讨的热点话题。

一是在校园防控上，长期的校园生活使得学生对学校的基本情况和学生的诉求有更准确的把握，能为防疫政策提供更合理的建议，同时，利用好学生资源也能更好地推进校园疫情防控工作，减轻教职工、后勤人员的防疫压力。因此，在目前的高校校园疫情防控工作中，特别关注且支持高校学生在疫情防控工作中发挥力量。

二是在社会防控上，学校作为专业的研究场所，其专业知识能够帮助社会更好地推动疫情防控工作，同时，高校师生也是社会疫情防控的有生力量。因此，除校内防控外，现有的做法是将高校师生力量融入社会防控中，以筑牢社会防控防线。

三是防控工作的反思，山西医科大学在新冠疫情防控工作中，主动总结防疫过程中的难点，注重事后反思，如在宣传工作中调整方式，用通俗易懂的形式向广大公众普及疫情防控科学知识，以有效推进疫情防控宣传工作。

二 肠道传染性疾病防控典型案例

诺如病毒是全球急性胃肠炎散发病例和暴发疫情的重要原因，具有传染性强、感染剂量低、传播速度快、涉及范围广和全人群普遍易感等特点，每年10月至次年3月是诺如病毒感染的高发季节，该病毒会通过被污染的水、食物、气溶胶、感染者、呕吐物等媒介传播，极易在社区、学校、托幼机构等集体单位引起流行、暴发，② 是校园肠道传染性疾病的代表性疾病。

（一）案例主体

据某市一幼儿园家长反映，从2022年5月14日起，该幼儿园有17名幼儿陆续出现不同程度的低烧、呕吐症状，在家长提供的一份抬头为

---

① 王培石：《高校校园疫情防控管理问题研究》，《中国高等教育》2022年第9期。
② 中国疾病预防控制中心：《中小学校重点人群诺如病毒感染防控核心要点之教师与食堂从业人员篇》（https://www.chinacdc.cn/yyrdgz/202303/t20230322_264445.html）。

当地妇幼保健院的《出院诊断证明》中显示，幼儿的出院诊断为诺如病毒性急性肠胃炎和轻度脱水。①

该园共 25 名学生，在 14 日早上病情发生后，该园立刻联系家长带幼儿就医，并将相关情况上报当地疾病预防控制中心、市场监督管理局以及教育局。病情发生当日 19 时左右，学校对校园整体环境、一周饭菜留样、厨房设备等都进行采样，并进行了食物化验，结果显示没有问题。但 15 日对孩子粪便及教室物品等进行采样时，化验的结果显示为诺如病毒。

在 14 日发现病情后，学校在课后采取了封园措施，并在采样结束后请专业消杀人员对全园进行消杀，至 5 月 18 日当地教育局、疾控中心、市场监督管理局开会决定后，该幼儿园才解封复课。

（二）案例分析

诺如病毒环境抵抗力低，感染后潜伏期短，同时，受心智发育不成熟和经验匮乏的现实因素影响，托幼机构学生的安全意识较为薄弱，他们无法识别各种潜在的危险，或者及时认识到危险，也不能及时规避和处理，② 因此，诺如病毒极易在托幼机构等场所暴发。

此次疫情中，该幼儿园老师迅速处置，在发现病例后，联系家长就医，并进行封园消杀工作，及时遏制了诺如病毒的广泛传播。但在某些做法上也暴露出该校老师在传染病防控意识和处置上的不足，在 14 日早间出现第一例病例后，幼儿园并未立刻封园，而是直到课程结束的晚间才进行封园消杀工作，给诺如病毒留下了一定的传播时间，致使多位幼儿陆续感染。其次，在采取措施上，该幼儿园重治轻防，在诺如病毒的高发季节并没有相关的预警方案，而是在病例出现后再进行处理，导致病情扩散。最后，在后续处置方面，没有针对此次事件进行反思总结，对幼儿进行防护教育。在诺如病毒高发的季节，托幼机构应当及时改进传染病防控措施，并加强教师的培训，确保在出现第一例病例后立即采取行动，包括封园、通知家长、组织消毒等措施，以控制病毒传播的风

---

① 潇湘晨报：《呼市一幼儿园多名幼儿感染诺如病毒出现呕吐》（https：//baijiahao. baidu. com/s？id = 1733983777042233895&wfr = spider&for = pc）。

② 贾艳秋：《幼儿安全意识和自我保护能力的培养》，《学前教育研究》2022 年第 11 期。

险。另外，托幼机构工作者也应当根据幼儿身心特点，① 针对可能出现的疫情突发问题，对幼儿进行教育。

三　其他损害师生健康的传染性疾病防控典型案例

除新冠肺炎、诺如病毒感染性疾病以外，流行性感冒、流行性腮腺炎、水痘、细菌性痢疾、艾滋病等也是学校常见的损害师生健康的传染性疾病。据相关数据显示，2022年江苏省内发生在学校的突发公共卫生事件为144起（占89.44%），其中水痘72起，其他感染性腹泻20起，手足口病19起，流行性感冒33起，② 水痘发生频率最高。因此，本节选取校园水痘疫情防控为其他传染性疾病防控的典型案例。

校园水痘疫情，由带状疱疹病毒引起，传染源主要是病人，传染途径是接触患者或飞沫吸入，典型临床表现为中低等发热，随后迅速出现红色斑丘疹，并发展为易破溃的小水泡，每年4—7月、11月至次年1月是水痘的两个高发期。③

（一）案例主体

2022年，北京市某区共报告了900多例水痘案例，该病毒多发于青少年及学龄前儿童，同时影响长远，患过水痘之后，病毒会在神经根部"潜伏"下来，等到年长、免疫力低下时可能会引发带状疱疹。④ 2022年11月，苏州市某小学出现了3例水痘病例，针对病情，该学校采取紧急防护措施，立即停课以避免出现更大规模的传染。⑤

除病发后的迅速处置外，上海某大学主要从预防的角度进行水痘防控工作，联合各部门提前部署，明确各分院（部）、处室针对水痘防控的

---

① 武彦欣：《贴近生活　学用结合——幼儿安全教育面面观》，《教育教学论坛》2010年第31期。
② 江苏省卫生健康委：《2022年全省突发公共卫生事件分析》（http：//wjw.jiangsu.gov.cn/art/2023/3/21/art_7309_10838292.html）。
③ 齐鲁晚报：《水痘进入高发期，请做好战"痘"准备！》（https：//finance.sina.com.cn/jjxw/2023－05－26/doc－imyuzwwp6799574.shtml）。
④ 山东省荣军总医院：《水痘进入高发时期　专家提醒：疫苗要全程接种　预防才更有效》（http：//www.sdsrjzyy.com/jiankangjiaoyu/2897.html）。
⑤ 网易新闻：《苏州一校学生停课一月，学校出现三名水痘病例，家长表示疑惑》（https：//m.163.com/dy/article/HN1SBK7D0553K44Z.html）。

相关工作职责，同时制作相关宣传课件并下发到学院，组织开展水痘防控宣传教育活动。并严格落实疾病防控"四早"工作，即早发现、早报告、早隔离、早治疗，根据要求做好学校卫生协同管理系统平台填报工作。①

（二）案例分析

水痘作为传染性较强的疾病，对学生的生命健康安全造成了威胁。上述两所学校分别从水痘疫情的事前防范和事中处置两个角度进行了重点防控，从一定程度上遏制了水痘疫情的发生和进一步扩散。但是，上述学校的水痘防控工作仍存在改进的空间。就案例中的苏州市小学而言，虽然该学校在面对水痘疫情时能够迅速处置，但是却缺乏事前防范，容易造成病毒扩散风险。且相较于大学生而言，该年龄段的学生更容易受到带状疱疹病毒的攻击，因此，应当更加注重事前防范，完善水痘疫情预防预警政策。而就案例中的上海某大学而言，其防控工作围绕学生宣传教育展开，缺乏事中处置的应急预案，在水痘等校园疫情防控工作中，应当有意识地制订工作预案，为学校传染病防控工作提供有针对性的指导，确保在紧急情况下能够迅速做出正确反应。

第三节　校园公共卫生管理实践方式与主要难点

前文以校园新冠疫情防控、诺如病毒防控和水痘疫情防控为典型案例，分析了 2022 年校园传染性疾病防控的行动特点，本节基于上述案例，并结合 2022 年公共卫生政策的总体状况，尝试总结 2022 年校园公共卫生管理的实践方式和面临的主要难点。

一　校园公共卫生管理的实践方式

（一）事前防范

校园公共卫生事件尚未发生的阶段为事前阶段，此阶段学校的管理方式围绕"防范风险源"展开，即从制度落实、物资准备、宣传教育等

---

① 上海交通大学嘉兴南湖职业技术学院：《后勤服务处组织开展 2022 年度春季水痘、结核等传染病防控工作》（https://www.jxnyi.edu.cn/html/2022/bmdt_0324/6836.html）。

多方面进行防控准备。

一是制度落实，即在公共卫生事件发生前做好应急预案及处置准备，其中，对校园公共卫生管理对象的管理在实践中表现为落实属地、部门、单位、家庭和个人等各方责任，指定责任人和联络人，明确工作职责，做好工作预案，确保公共卫生工作和学校常规工作的有序推进。二是事前的物资储备，为应对突发的校园公共卫生事件，物资储备是必不可少的实践环节，如在新冠疫情防控中，各学校会储备相应数量的防疫物资来应对突发状况，而面对诸如病毒等季节性常规传染病，则会储备相应的消毒物资。拥有充足且合理的物资，可以在可能发生的公共卫生事件中提供给师生必要的防护和医疗支持，帮助学校及时应对和控制疫情，保障师生的健康安全。三是宣传教育，由于公共卫生事件的特殊性，校内师生也会成为"风险源"，因此，通过讲座、宣传栏、展览等方式开展公共卫生宣传教育工作以增强师生的风险意识是校园公共卫生管理前期防范的重要步骤。总之，现阶段校园公共卫生管理前期工作旨在防范风险源，有效预防和控制公共卫生事件的发生，确保校园内的公共卫生安全。

（二）事中处置

校园公共卫生事件具有突发性和难以预测性，事前防范能从一定程度上防范公共卫生事件的发生，但由于其特殊性，校园公共卫生事件发生的概率仍旧很大。因此，校园公共卫生事件发生后如何处置是目前校园公共卫生管理工作实践中最大的难题。

在实际的校园公共卫生事件处置环节中，校园工作重点会从"防范风险源"转向"消灭风险源"，体现为对公共卫生事件的"迅速处置""跟踪监测"和"加强管理"。首先是迅速处置，当校园公共卫生事件发生时，学校会迅速启动应急预案，组织相关人员进行紧急处置，包括对患者进行隔离、封校封园、事故调查和校园消毒等工作。其次是跟踪监测，现阶段而言，跟踪监测患者情况是将风险源遏制在摇篮的主要方式，因此，各层级学校在实践中倾向于跟踪监测师生健康情况、校园环境情况来做好公共卫生事件处置工作。最后是加强管理，学生、教职工、学校环境都有可能成为风险源，因此，为消灭公共卫生事件风险源，学校会在实践中加强对上述对象的管理。主要涉及师生日常管理、校门管理、公共场所管理、食堂卫生管理、宿舍管理、活动管理等方面。以活动管理为例，各层级学校的实践方式表现为根据公共卫生事件形势做出校园活动安排，合理管控人员，防止公共卫生疫情在校内进一步扩散。

(三) 事后反思

大多数校园公共卫生事件并非长期存在，而是会在某个时段突然发生，如诺如高发季节为每年10月至次年3月，水痘高发季节为每年4月至7月、11月至次年1月。因此，校园公共卫生事件结束后的事后反思工作也是校园公共卫生管理实践中必不可缺的一环，此阶段的工作重点在于"分析风险源"，针对公共卫生事件中的处置措施，学校在后期会对其实践工作、风险源进行分析和反思，以完善处置措施。一是总结经验教训，对已发生的校园公共卫生事件，事后进行全面的总结和反思是实践过程中最主要的工作方式，通过对公共卫生事件中风险源出现的原因、传播途径等多方面进行反思，总结经验教训，可为类似事件应对提供参考。二是修订防控方案，根据事件的经验教训，有针对性地修订和完善校园公共卫生事件防控方案，明确责任分工和应急预案，可以提高各方面的应对能力和效率。三是宣传教育的加强，校园公共卫生事件结束后，各学校会出具相关的事件报告，并通过各类媒介宣传公共卫生防控知识。综上，校园公共卫生事件结束后的事后反思工作主要围绕风险源分析展开，通过总结经验教训、修订防控方案、加强宣传教育等方面的努力，不断完善校园公共卫生管理工作。

二 校园公共卫生管理面临的主要难点

如上一节所述，现有的校园公共卫生管理工作围绕公共卫生事件的事前、事中、事后三个阶段展开，虽然取得了一定成效，但实际中的校园公共卫生管理工作仍存在诸多难点。《2021年全国教育事业发展统计公报》的统计数据显示，全国共有各级各类学校52.93万所，各级各类学历教育在校生2.91亿人，专任教师1844.37万人。[1] 如此大基数的人口无疑增加了校园公共卫生管理工作的难度，此外，学生背后又涉及千家

---

[1] 中华人民共和国教育部：《2021年全国教育事业发展统计公报》(http://www.moe.gov.cn/jyb_sjzl/sjzl_fztjgb/202209/t20220914_660850.html)。

万户，防控范围点多面广，社会关注度高，其疫情防控更为复杂。① 鉴于校园的特殊性，校园公共卫生管理工作面临如下难点。

（一）校园公共卫生事件的事前管理工作难点

校园公共卫生事件重在预防，因此，实践中的校园公共卫生管理工作会从制度落实、物资储备和宣传教育等方面做好校园公共卫生管理体系建设。但目前的校园公共卫生管理体系仍旧薄弱，首先，虽然各学校在实践中强调划分各方主体责任，但不同部门、学院或学校之间可能存在沟通不畅问题，导致校园公共卫生管理制度难以在整个校园范围内得到有效执行。此外，当前的学校公共卫生事件处置仍停留在对突发公共卫生事件的即时性反应和控制的水平上，前瞻性和预见性不足，使得学校在应对校园公共卫生事件时显得不够灵活和高效。其次，各学校的资源和管理力量存在差异。各地各学校公共卫生管理力量参差不齐，省市级学校与县级、乡镇级学校的管理力量和管理压力不尽相同。同时，经济发达地区和经济稍落后区域也存在差距。因此，在物质资源和管理力量存在差异的客观情况下，少数落后及小规模学校难以提供公共卫生管理工作必要的物质和人力支持，无法确保学校在应对校园公共卫生事件时具备足够的资源和保障。最后，长期以来学校公共卫生管理工作采取"重处置轻预防"的模式，缺乏完善的应急预案以及应急人员培训，当发生公共卫生事件时可能会面临应对不及、信息传递不畅等问题。另外，培训人员知识水平和应急管理素质不足则会造成宣传教育工作不理想，从而影响未来公共卫生事件处置的效果。

（二）校园公共卫生事件的事中管理工作难点

多数公共卫生事件具有较强的传染性，实践中的迅速处置、跟踪监测和加强管理等措施就是为了防止病情的快速传播，但校园本身的特性无疑又会加大风险扩散的可能性。因此，公共卫生事件管理中期面临的最大难题就是风险扩散性。首先，相较于其他机关、企事业单位而言，校园内部聚集了大量的学生和教职工。从所辖范围看，校园属于人员数量多、人口密度大的聚集性场所。同时，校园的主要活动集中于教室、

---

① 毛文娟、纪巍：《返校开学后学校疫情防控的对策研究》，《河北师范大学学报》（教育科学版）2022年第2期。

实验室、图书馆、食堂、宿舍区等密闭性较强的空间中，空气流动不畅，人员密集，一旦发生公共卫生事件便会迅速扩散，处置难度大。其次，跟踪监测难度大。校园人员流动会扩大公共卫生事件的传播范围，加剧公共卫生事件的传播风险，同时也会加剧跟踪监测的难度。各学校学生、教职工等其他人员每日通勤往返于校园和家庭之间，客观上增加了校园公共卫生事件外溢的风险。另外，高校校园在入学阶段还面临各地学生返校异地流动、留学生返校跨境流动带来的其他公共卫生事件发生风险，同时也会加大跟踪监测的成本。最后，校园人员类型多，内部组成复杂，校园的人员组成虽以学生为主，但教职工、后勤人员等其他人员的占比仍然很大。不同类型的人员聚集，从客观上增加了公共卫生事件发生和传播的风险。同时学校在实施各项措施时，需要得到全体师生和职工的支持和配合，但由于管控人员类型多、个人意识强等原因，一些人可能会对管理制度产生抵触情绪和反对态度，导致校园公共卫生管理工作难以达到预期处置效果。

（三）校园公共卫生事件的事后管理工作难点

在校园公共卫生事件得到控制、校园活动得到恢复之后，并不意味着校园公共卫生管理工作的结束。在后期管理工作中，学校仍不能松懈，需要对校园秩序进行恢复并总结相关经验教训，以应对未来可能出现的公共卫生事件。但由于需求变化、人员管理疲惫等现实因素，现下的校园公共卫生事件的事后管理工作还存在诸多挑战。其一，随着管理形势变化和管理工作的深入，校园公共卫生管理工作的要求可能会越来越复杂。如在后期需要对之前的管理制度进行复盘总结，针对不同场所、不同人群制定差异化的管理措施，动态调整管理策略，这对于管理者的能力和资源投入提出了更高要求。其二，随着时间推移，师生可能会对公共卫生管理的相关措施产生疲劳和麻痹感，在后期管理工作中容易产生"宽松"情绪，可能导致师生忽视个人卫生和防护，进而影响事后校园公共卫生管理工作。最后，资源有限性。长时间的校园公共卫生管理工作需要投入大量的人力、物力、财力，然而学校的资源往往有限，可能难以满足校园公共卫生事件事后管理工作的需求。

第四节　校园公共卫生管理经验总结

通过对2022年校园公共卫生政策及校园公共卫生管理工作典型案例的分析，可以发现，校园公共卫生管理工作仍然是未来校园安全防控重点关注的领域，当下的校园公共卫生管理实践工作也为未来的校园公共卫生管理工作提供了应对之策和经验参考。

一　校园公共卫生事件的预防准备之策

由于校园公共卫生事件的突发性，没人能准确知晓其会在何时、何地暴发。因此，校园公共卫生事件的预防准备工作就成为各学校公共卫生管理工作中的首要工作，也是防范风险源的重要举措。从其风险性反思，公共卫生事件的暴发是人类迈向风险社会历程中现代性极度膨胀的悖论和副产品，从一定程度上反射出公共卫生事件风险超出了人类的感知能力和认知范围，在此类风险的处理方式上，目前的核心理念是居安思危、防患于未然，[①] 而前期防控正是一种重要手段。

（一）制度保障

校园内部聚集了大量人群，一旦发生点状病例极易扩散为片状病例，因此，在校园公共卫生事件暴发前应当做好制度保障，通过前期制度推动校园公共卫生各阶段工作的规范化。各学校在公共卫生管理中应当立足本校的实际情况，制定并完善具有相对稳定性的管理制度，做到任务明确、责任到人，同时做到管理制度的"因地制宜"和"切实可行"，为校园公共卫生管理工作保驾护航。一是在前期要制定完善的工作方案，明确校园公共卫生管理的总体目标、工作原则和具体措施，确保各项工作的有效开展。二是人员管理制度的制定，需要对校内师生进行规范化管理，同时严格管理入校人员，尽量确保公共卫生事件风险源不通过人员传播进入校园。三是校园整体管理制度，在公共卫生事件发生前期，就应当对校园卫生、校区消毒等工作制订可操作的管理方案，确保校园

---

① 文军：《新型冠状病毒肺炎疫情的爆发及共同体防控——基于风险社会学视角的考察》，《武汉大学学报》（哲学社会科学版）2020年第3期。

整体管理制度切实可行。

（二）物资筹备

在校园公共卫生事件发生的前期，物资储备不足是造成风险外溢的重要原因之一，学校如果没有物资储备，一旦发生点状病例，极有可能引发大规模的感染。因此，在校园公共卫生管理工作中，应当提前筹备好常见应急物资，科学评估公共卫生风险，建立完善物资储备库，以便在危机发生时能够及时应对。但在筹备相关公共卫生物资时，应当根据实际情况进行合理规划和采购，确保物资的充足和质量，同时，也需要设置相关负责人，注意物资的存储和管理，保证物资的有效性和安全性。另外，资源相对较差的学校，应当寻求与政府、社会、其他学校合作的机会，共同做好物资筹备工作。

（三）组织培训

在日常工作中，学校可以定期组织培训和教育活动，提高师生防范公共卫生事件的意识和知识水平。同时可以通过各类培训，加强学校领导班子和各级管理人员的组织能力培养，提高他们应对突发公共卫生事件的决策能力和应急管理水平，从而可以在公共卫生事件发生时迅速组织人员采取应对措施。另外，也需要建立起健全的协调机制和责任分工，明确相关部门和人员在公共卫生事件发生时的职责和任务，确保各项应急措施的顺利实施，提高应对突发事件的效率和效果。通过上述措施，学校可以在公共卫生事件发生前做好充分的准备，增强防范意识，提高应对能力，降低事件带来的风险和影响。

二　校园公共卫生事件的应对处置之策

校园治理时常面临各种公共卫生事件的挑战，传染病疾病暴发、不明原因学生群体性疾病、食物中毒等，[①] 一次公共卫生事件的暴发，会对校园正常生活产生巨大影响。因此，如何尽快应对危机，恢复校园正常秩序是各学校在发生校园公共卫生事件时的共同愿景。从上述分析可以看出，这一愿景实现的前提是构建行之有效的校园公共卫生管理模式，

---

① 韩国元、冷雪忠：《国内公共卫生安全研究的文献计量分析》，《中国安全生产科学技术》2022年第1期。

而这一模式的构建则有赖于校园各方的参与和社会的协同。

校园作为一个复杂的社会系统，既存在大量的学生群体，又存在较大规模的教职工、后勤服务人员等群体，这些群体都是参与校园管理的多元主体。在突发的校园公共卫生事件面前，维护校园稳定与安全是所有参与主体的首要目标，为实现此目标，各主体会平等进行谈判协商，自愿平等地维护校园公共利益。[①]

（一）师生联防

师生在校园公共卫生管理中既是主体也是客体，是实现校园协同管理的关键。在校园公共卫生事件发生伊始，校园内部部门应当形成联防的工作格局，畅通师生之间的沟通渠道，做到师生之间的信息共享。学生作为长期生活在校园内部的群体，对某些事务的了解会较其他群体更为深入，听取其建议能更好促进校园公共卫生管理工作的进行。同时，让校园中占比最大的学生群体加入校园公共卫生管理工作，可以筑牢安全防线，维护校园安全。

（二）家校联动

对低年龄学段的学生群体而言，师生联防的难度较大，在此时的校园公共卫生管理工作中，需要依赖学校和家长的联动来实现管理。一是家长的自我防护，学生每日通勤往返于家庭和校园，家庭和学校都有可能成为感染的场所，因此家长的自我防护在校园防控中尤为重要。二是家长的支持，家长支持学校的公共卫生管理制度，引导孩子学习并支持相关制度，能有效推动校园公共卫生管理工作的开展。三是教师与家长的联动，教师是学校教育的承担者，家长是家庭教育的负责人，但并非所有家长都掌握公共卫生知识，故而在公共卫生管理工作中要实现家校联动，需要教师同步承担起教育家长学习相关知识的责任，以协助家长在家庭教育中帮助学生学习并深化防护知识。

（三）社会联控

协同合作的基础是协同主体各方都要发挥自身的特色和优势。[②] 于学

[①] 刘晓婷、刘晓雯：《疫情防控背景下高校校园治理模式优化》，《中国高等教育》2021年第8期。

[②] 洪成文：《高校在疫情防控中的责任与作为》，《中国高等教育》2020年第8期。

校而言，其作为培养人才的主阵地，是为社会输送人才的后备库，同时也是维护校园安全和社会稳定的重要力量。因此，校园安全防线的构建离不开社会联控。一是需要由学校与疾控机构、就近地点医疗机构加强沟通协调，形成教育、卫生和学校、家庭、医疗机构、疾控机构"点对点"的多方协作机制，及时控制风险扩散。二是需要校园进行人才输出，组织精锐力量，攻克校园公共卫生事件的科研难关，利用科研解决一线的实际问题。三是加强信息共享和沟通，校园安全防线的建立离不开社会防线，社会防线的建立也离不开学校的参与，学校应当与社会各方力量建立畅通的沟通渠道，及时共享信息，以便能够共同应对突发的公共卫生事件。

三 校园公共卫生事件的事后学习提高之策

校园公共卫生管理事关学校师生的身体健康和生命安全，事关校园的和谐稳定和社会大局稳定，各级学校应当积极配合政府和有关部门的统一部署，严格按照相关要求开展学校公共卫生管理工作。在校园公共卫生事件的事后评估学习阶段，学校仍然不能放松警惕，要以高度的政治责任感和使命感做好公共卫生管理工作，严格落实学校工作方案，把事后的评估学习和优化提高工作做细做实做到位。

（一）评估学习，完善制度

校园公共卫生事件的前、中、后期会面对不同的阶段性目标和阶段性挑战。在事后的校园公共卫生管理工作中，应当对校园公共卫生管理工作进行全面、系统的评估，分析工作中的优点与不足，总结经验教训，开展危机学习，以期为各级各类学校未来的公共卫生管理工作提供参考和建议，并通过经验学习在一定程度上弥补各学校管理力量的差距。一是对事前应急预案和处置方案进行回顾与总结，根据每一阶段的情况对校园公共卫生管理制度进行调整和完善，确保制度的有效性和可持续性。二是对事中的联防联控工作进行总结，加强家长、社会、校园之间的交流与协作，并根据各项工作的具体流程和标准，制定详细的后期协作方案，共同应对可能出现的变化。三是对公共卫生事件全过程工作进行评估分析，定期进行更改和完善，以适应不断变化的校园公共卫生管理形势和管理需求。

（二）心理疏导，加强关怀

在校园公共卫生事件的事后管理工作中，各级学校应当将师生健康教育、心理疏导和人文关怀纳入校园公共卫生管理工作，持续关注师生心理状态，开展心理疏导工作，帮助师生适应校园公共卫生事件后期的生活和学习，防止师生因公共卫生事件产生心理问题。一是心理健康教育方面，各层级学校可以通过课程、讲座等方式，传递心理健康知识，提高师生心理健康水平。二是通过成立心理疏导小组、提供心理咨询服务等方式，对师生进行心理疏导，帮助其缓解压力和恐惧情绪。三是加强人文关怀，通过组织各类线上线下活动，加强师生间沟通，排解负面情绪。

（三）防控演练，知识宣传

在校园公共卫生事件暴发前，因缺乏对公共卫生事件的了解，会造成校园师生的恐慌情绪，此时通过教育培训等方式可以增加师生应对公共卫生事件的知识。在公共卫生事件结束后，因亲身经历过校园公共卫生事件，此时的知识宣传和教育培训不仅可以减轻师生对未来校园公共卫生事件的恐惧，还可以增加师生的实战经验。另外，在公共卫生事件的后期，学校还应当定期组织开展校园公共卫生事件应急演练。按照演练方案，提升师生的安全意识和应对能力，并提升学校公共卫生事件的应急处置能力，完善校园应急处置机制。

第 三 章

中小学校园安全教育的调查与分析

近年来，中小学校园安全事件多发，加强中小学安全教育已经成为各地教育部门的重要工作。安全无小事，抓好安全工作是维护学校正常秩序、提高教育质量的基础。校园安全教育非常重要，应提高安全宣传教育工作质量，促进师生进一步牢固树立"安全第一"的观念，营造"时时讲安全、人人懂安全、事事抓安全、处处保安全"的良好氛围。

各地实践告诉我们，中小学校园安全教育必须要进一步提高政治站位，各级党委政府和教育部门必须增强安全教育的紧迫感和责任感，做好安全教育工作，要牢固树立"生命不保、何谈教育，隐患不除、何谈安全，治理不力、何谈发展"安全理念。[1] 安全意识和安全防范救护技能是中小学生健康成长和全面发展的基石，是全面实施素质教育的基本内容，也是各学校教育工作者的首要职责，同时也是全社会的共同责任。当前，我国学校安全状况虽然总体持续向好，但是校园安全形势依然严峻，各类涉校事件每年都有发生，一般事故多发的势头尚未得到有效遏制，尤其是中小学生的溺水、交通、坠楼（自杀）事故，依旧是校园安全的主要问题。校园安全工作最关键的是"防"，而"防"的关键在于教育与训练。通过安全教育提高对各类突发事件的有效认识，通过训练提升中小学生对各类突发事件的有效应对能力。因此，深入开展中小学校

---

[1] 四川省人民政府：《我省"五项举措"筑牢安全防线护航师生平安》（https://www.sc.gov.cn/10462/10464/10465/10574/2020/7/21/71162b8b80974d289b37e98a1cfdbf5d.shtml，2020年7月21日）。

安全教育工作，凝聚教育安全发展共识，可以有效提升全体师生安全意识，有效防范和遏制各类校园突发事件，减少事故发生的总量，全面增强学生和教职工安全感。

第一节　中小学校园安全教育的现状与政策

一　中小学校园安全教育的概念与背景

（一）安全教育与校园安全教育

安全教育对于中小学生来说十分重要，安全教育本质上是提高中小学生面对各类突发事件时解决问题的能力。所以可以说，良好的安全教育可以让孩子在没有大人帮助的情况下自己有效地保护好自己，从而远离风险。校园安全教育则是指由学校承担的对中小学生进行的安全教育活动。

中小学生除了从家庭中获得安全教育之外，更加重要的是从学校获得安全知识和自我保护的基本技能，从而有效避免各种突发性灾难事件和意外事件，提升应急与应对的能力，远离各类危险，享受安全生活。

中小学的校园安全教育是当前教育体系的基本要求。各级政府与各大中小学校都有责任和义务教给学生一些必要的安全常识，以及处理危险突发事件的办法，以便使中小学生在单独面对各类危险时，能够拥有良好的心态、掌握有效的技能，有效处置与应对。

学生安全事关千万家庭的幸福，是学校工作的主要内容之一。为加强校园安全教育，1996年国家教委、劳动部、公安部、交通部、铁道部、国家体委、卫生部联合发布《关于全国中小学生安全教育的通知》，确定每年3月最后一周的星期一为全国中小学生的安全教育日，开始对校园安全教育进行规范化和制度化建设。

从目前来看，校园安全教育一般包括下列内容，即课间安全教育，室内安全教育，上学、放学的安全教育，卫生食品安全教育，游泳安全教育，防火安全教育，防止意外伤害安全教育等。具体而言，涉及青少年生活和学习方面的校园安全隐患有20多种，如食物中毒、体育运动损伤、网络交友安全、交通事故、火灾火险、溺水、毒品危害、性侵犯、校园欺凌等。2017年，由中国疾控中心慢性非传染性疾病预防控制中心和全球儿童安全组织等联合分析发布的《中国青少年儿童伤害现状回顾报告》显示，目前，意外伤害已经是导致我国0—19岁青少年儿童死亡的首因，中国每年因意外伤害死亡的儿童超过5万人，7—8月暑假期间是安全事故发生的高峰期。相关研究表明，超过50%的孩子对于身边的危险因素浑然不知，因此对于中小学生进行校园安全教育十分必要，许多证据表明，若是中小学生接受了相应的安全教育，至少80%以上的意外伤害是可以避免的。

（二）开展有效的学生安全教育是一项持久的工作

开展有效的校园安全教育是一项长期的工作。"人民至上、生命至上。"生命的价值高于一切，生命不保，何谈教育、何谈发展？教会学生珍惜生命、敬畏生命、热爱生命，掌握防灾避险知识与相应生存技能，是教育本源的回归。习近平总书记在首个全民国家安全教育日做出指示："实现中华民族伟大复兴的中国梦，保证人民安居乐业，国家安全是头等大事。"[1]

习近平总书记在主持中共中央政治局第二十三次集体学习时强调："对公共安全，我们必须增强忧患意识和责任意识，始终保持高度警觉，任何时候都不能麻痹大意。各级党委和政府要充分认识维护公共安全的重要意义，牢记公共安全是最基本的民生的道理，自觉把维护公共安全放在维护最广大人民根本利益中来认识，放在贯彻落实总体国家安全观中来思考，放在推进国家治理体系和治理能力现代化中来把握，努力为人民安居乐业、社会安定有序、国家长治久安编织全方位、立体化的公共安全网。"[2]

要深刻认识维护学生安全的重要性，深刻汲取教训，以"时时放心不下"的责任感，切实把学生安全工作抓紧抓细抓实抓到位，拿出管用措施，筑牢安全防线，守护学生身心健康成长和生命安全，有效提升学生获得感、幸福感、安全感。作为教育体系的重要组成部分，生命安全教育非常必要。当前，许多学校安全教育并不到位，缺乏系统的生命教育与安全教育。引导青少年正确认识生命观与安全观，提升突发事件的应对能力是一项持久的工作。

---

[1] 《习近平关于总体国家安全观论述摘编》，中央文献出版社2018年版，第10页。
[2] 《习近平关于总体国家安全观论述摘编》，中央文献出版社2018年版，第138页。

二 校园安全教育课程的政策要求与政策体系

（一）国家层面的校园安全教育政策要求

2020年教育部颁布了《教育系统安全专项整治三年行动实施方案》，要求各地各校在所辖范围内组织开展安全专项整治三年行动。《中华人民共和国未成年人保护法》《中华人民共和国义务教育法》《中小学公共安全教育指导纲要》《中小学幼儿园安全管理办法》等法律法规明确要求教育主管部门、中小学校应广泛通过开展学校公共安全教育来提高中小学生的公共安全知识水平，进而保障中小学生的人身安全。

（二）《教育法》《义务教育法》《国家安全法》对校园安全教育的政策要求

《教育法》关于安全教育方面内容比较缺乏。主要是对学校的安全责任和教育责任提出要求。第三十七条规定，教师体罚学生，经教育不改的，由所在学校、其他教育机构或者教育行政部门进行行政处分或者解聘；情节严重，构成犯罪的，依法追究刑事责任。第四十四条规定，教育、体育、卫生行政部门和学校及其他教育机构应当完善体育、卫生保健设施，保护学生的身心健康。第七十三条规定，明知校舍或者教育教学设施有危险，而不采取措施，造成人员伤亡或者重大财产损失的，对直接负责的主管人员和其他直接责任人员，依法追究刑事责任。《中华人民共和国义务教育法》第二十四条规定，学校应当建立、健全安全制度和应急机制，对学生进行安全教育，加强管理，及时消除隐患，预防发生事故，较为正式地提出了学校安全教育的要求。这也是校园安全教育的根本性法规文件，可以作为校园安全教育的依据，但只是提出了安全教育的要求，并没有讲具体的内容。

2015年7月1日通过的《中华人民共和国国家安全法》提出"将国家安全教育纳入国民教育体系"的要求，结合教育系统实际，教育部制定了《大中小学国家安全教育指导纲要》，指导大中小学系统、规范、科学地开展国家安全教育，安全法所提的安全教育是大安全，是包括校园安全的国家各类安全教育。

（三）其他法律法规对校园安全教育的政策要求

对于校园安全教育来说，教育部有具体的文件对校园安全教育进行规范。

2006年9月1日起施行的《中小学幼儿园安全管理办法》第四条提出，学校安全管理工作主要包括：加强安全宣传教育培训，提高师生安全意识和防护能力；第七条规定，教育行政部门对学校安全工作履行的职责之一为，要及时了解学校安全教育情况，组织学校有针对性地开展学生安全教育，不断提高教育实效。另外，在第五章设立安全教育专门章节，对相关校园安全教育做出明确规定。

2015年，教育部和公安部发布《中小学幼儿园安全防范工作规范（试行）》（公治〔2015〕168号），提出教育行政部门要指导学校按照《中小学公共安全教育指导纲要》《中小学幼儿园应急疏散演练指南》开展安全教育和应急疏散演练，确保每名学生至少每月接受1次专题安全教育，每学期至少召开1次以安全为主题的家长会。

国务院办公厅《关于加强中小学幼儿园安全风险防控体系建设的意见》（国办发〔2017〕35号）中明确提出要完善学校安全风险预防体系，对健全学校安全教育机制进行了严格要求，即将提高学生安全意识和自我防护能力作为素质教育的重要内容，着力提高学校安全教育的针对性与实效性。将安全教育与法治教育有机融合，全面纳入国民教育体系，把尊重生命、保障权利、尊重差异的意识和基本安全常识从小根植在学生心中。在教育中要适当增加反欺凌、反暴力、反恐怖行为、防范针对未成年人的犯罪行为等内容，引导学生明确法律底线、强化规则意识。学校要根据学生群体和年龄特点，有针对性地开展安全专题教育，定期组织应对地震、火灾等情况的应急疏散演练。教育部门要将安全知识作为校长、教师培训的必要内容，加大培训力度并组织必要的考核。各相关部门和单位要组织专门力量，积极参与学校安全教育，广泛开展"安全防范进校园"等活动。鼓励各种社会组织为学校开展安全教育提供支持，设立安全教育实践场所，着力普及和提升家庭、社区的安全教育。

2020年9月，为深入学习贯彻习近平总书记总体国家安全观，落实党中央关于加强大中小学国家安全教育文件精神和《中华人民共和国国家安全法》提出的"将国家安全教育纳入国民教育体系"的要求，教育部在2007年《中小学公共安全教育指导纲要》的基础上，制定了《大中小学国家安全教育指导纲要》，要求通过组织讲座、参观、调研、体验式实践活动等方式，进行案例分析、实地考察、访谈探究、行动反思，积极引导学生自主参与、体验感悟。该指导纲要增加了大学主体，也增加了国家安全教育的领域，使得校园安全教育的范围进一步扩大。安全教育主要包括政治安全、国土安全、军事安全、经济安全、文化安全、社会安全、科技安全、网络安全、生态安全、资源安全、核安全、海外利益安全以及太空、深海、极地、生物等新型的领域安全。该纲要提出要充分利用社会资源，充分发挥国家安全各领域专业人才、专业机构和行业企业的作用，开设专题讲座、指导学生实践活动、培训师资、提供专业咨询和体验服务等。有效利用各类场馆、基地、设施等，开发实践课程，组织现场教学，强化体验感受。并提出校园安全体验式教育的要求。

（四）教育部与各地区常规化的校园安全教育规范

一般来说，由于校园安全的重要性，每年年初，教育部都会印发《关于做好中小学生安全教育工作的通知》，要求各地深化中小学生安全教育工作，持续提升安全教育水平和中小学生安全素养。每年暑期前，教育部也会印发《关于做好中小学幼儿园学生暑期有关工作的通知》，要求加强宣传引导，普及安全知识，将暑期易发多发的道路交通安全、食物中毒、预防溺水、网络沉迷等内容告知每一个学生、每一个家长，强化家长监护职责，切实提高学生的安全意识和自防自护自救能力。另外，作为学校的常规安全教育工作，教育部要求各地学校在日常安全教育中突出教育重点，突出放假前和开学后等重点时段的安全教育，切实加强预防溺水、交通安全、消防安全、网络安全、应对自然灾害、防范校园伤害、危险化学品安全等方面的教育，上好安全教育的地方课程和校本课程，并因地因时制宜，设计安排好相关安全教育活动。

三 中小学校园安全教育的主要内容与方式

2006年6月30日，教育部、公安部、司法部、建设部、交通部、文化部、卫生部、工商总局、质检总局、新闻出版总署联合制定了《中小学幼儿园安全管理办法》。该办法第五章对校园安全教育提出了非常详细的要求。另外，各地方教育部门根据文件的要求，对安全教育因地制宜进行了补充与完善，形成了校园安全教育比较丰富的教学内容和体系，主要有下列方面。

(一)课堂教育：安全教育与学科教育渗透与融合

学校应当按照国家课程标准和地方课程设置要求，将安全教育纳入教学内容，对学生开展安全教育，培养学生的安全意识，提高学生的自我防护能力。

如《四川省教育厅关于印发〈四川省义务教育地方课程方案（2015年修订）〉的通知》(川教〔2015〕41号)要求，开设好中小学安全教育课程，对中小学生进行安全教育。方案要求，确保开齐开足和上好《生命·生态·安全》教育课程和课时，即1—2年级每周开足2课时，3—6年级每周开足3课时，7年级每周开足2课时，8—9年级单周开足1课时、双周开足2课时。任何学校和任何教师均不得挤占安全教育课时。自2020年秋季学期起，将森林草原防火教育列为每个学期"安全教育第一课"的重要内容。另外，学校应当针对不同课程实验课的特点与要求，对学生进行实验用品的防毒、防爆、防辐射、防污染等的安全防护教育。学校应当对学生进行用水、用电的安全教育，对寄宿学生进行防火、防盗和人身防护等方面的安全教育。2010年起，广西在中小学课程教学中，包括《思想政治》和《新版中小学安全教育实验教材》等课程中，都有专门的安全教育内容，并纳入考试范围。

将安全教育与学科教育渗透、融合是目前来说最理想的校园安全教育方式。一方面，要明确全体教育工作者都肩负着对学生安全教育的职责；另一方面，要在学科教学和综合实践活动课程中渗透安全教育内容，将中小学生的价值观、安全意识、自护自救等安全知识和能力教育内容渗透到各门学科之中。各科教师在学科教学中要挖掘隐性的安全教育内容，与显性的安全教育内容一起，与学科教学有机整合。探索有效的安全学科渗透式教学，提高中小学生在各学科的学习中获得相应的安全知识、技能和珍惜生命情感的效果。

从国家层面来说，我国中小学灾害教育形成了较为松散的安全教育体系，在小学的《科学》课程、初高中的《地理》课程中都有所体现。以下就是目前课程大纲的主要内容，并有具体的要求。如表3-1。

表3-1　我国中小学灾害教育课程大纲及具体要求

阶段	学段	课程	章节/目录位置	课程大纲及具体要求
义务教育阶段	小学	《科学》	地球与宇宙科学领域	1. 了解台风、洪涝、干旱等气象灾害对人类的影响； 2. 了解地震、火山喷发等自然灾害对人类的影响，知道抗震防灾的基本常识
义务教育阶段	初中	《地理》	（二）认识区域——主题五 认识中国	1. 运用地图和相关资料，描述中国主要的自然灾害和环境问题； 2. 针对某一自然灾害或环境问题提出合理的防治建议； 3. 掌握一定的气象灾害和地质灾害的安全防护技能
非义务教育阶段	全日制普通高中	《地理》	必修课程 地理1	1. 以某种自然灾害为例，简述其发生的主要原因及危害
非义务教育阶段	全日制普通高中	《地理》	选修课程 选修5 自然灾害与防治	1. 主要自然灾害的类型与分布 列举自然灾害的主要类型； 结合实例，简述自然灾害的主要特点； 运用资料，说明人类活动对自然灾害的影响； 运用地图，说明世界主要自然灾害带的分布 2. 我国的主要自然灾害 运用地图，指出我国主要自然灾害的分布区域； 简述地震、泥石流、滑坡等地质地貌灾害的产生机制与发生过程； 分析台风、寒潮、干旱、洪涝等气象灾害的形成原因； 列举虫灾、鼠灾等生物灾害带来的主要危害 3. 自然灾害与环境 围绕沙尘暴等自然灾害，开展一次性研究活动； 收集本地区有关自然灾害前兆的谚语，以及防灾减灾的有效方法，在全班进行交流； 结合实际，讨论在日常生活中如何应对突发性灾害； 收集近年来我国某种自然灾害的资料，绘制其地分布简图，解释其形成原因，并说出我国已采取的防灾、减灾措施； 模拟以某自然灾害为背景的援救练习； 配合"世界防灾日"，出一期板报； 组织以"自然灾害与我们"（或"自然灾害与环境""自然灾害与高科技"）等； 比较同一自然灾害造成危害程度的地域差异； 结合实例，说明我国自然灾害多发区的环境特点 4. 防灾与减灾 举例说明地理信息技术在自然灾害预测、灾情检测和评估中的作用； 以一两种自然灾害为例，列举适当的应对方法或应急措施； 举例说出中国防灾、减灾的主要成就； 展望人类利用高科技趋利避害的远景

资料来源：《义务教育小学科学课程标准（2022年版）》《义务教育地理课程标准（2022年版）》《全日制普通高中地理新课程标准（2022年版）》（山东大学公共管理学院博士生周扬制作）。

一些地方会根据教育部的相关要求,编写适合当地情况的教材,融入安全与灾害教学。以下是青岛市全日制普通中小学地理灾害教育课程。

表 3-2　青岛市全日制普通中小学地理灾害教育课程

课程	章节/目录位置	课程内容及要求
《小学科学》二年级下册 四年级上册 五年级上册	第三单元 认识天气 第三单元 天气与气候 第四单元 地球和地表	1. 认识天气现象,阴晴雨雪风等都是天气现象。天气变化对我们生活有哪些影响？遭遇雷雨天气应该注意什么？怎样应对恶劣天气？ 2. 认识风向和风力。认识地球上的降水现象。台风前需要做哪些准备？了解台风预警信号。 3. 了解地震/火山喷发带来的危害。研究地震/火山喷发的成因。地震发生时如何应对？遇到地震引发的次生灾害应怎样逃生？了解火山与人类生活的关系
《初中地理》八年级上册	第二章 中国的自然环境 第四节 自然灾害	1. 气象灾害主要有干旱、洪涝、台风、寒潮等；地质灾害主要有地震、滑坡、泥石流等。山区发生地质灾害的频率比较高。 要求：认识身边的自然灾害。 2. 了解我国主要自然灾害及成因。 3. 防灾减灾。 要求：了解避灾方法
《高中地理》必修一 选修三	第二章 地球表面形态 第四章 地球上的水 第一章 资源、环境与人类活动 第二章 自然资源与国土安全 第三章 生态环境保护与国家安全	1. 重点讲述地球科学基础知识,指导我们开展自然地理实践,引导我们分析自然环境与人类活动的关系。 要求：人地协调观、区域认知、综合思维、地理实践力四个地理学科核心素养,是学好地理的金钥匙。 2. 重点讲述资源、环境与人类活动,自然资源与国家安全,生态环境保护与国家安全。 内容既结合日常生活实际,更关注全球可持续发展,旨在增强我们的国家安全责任意识

资料来源：青岛版《义务教育书·小学科学二年级下册（2022 年版）》《义务教育书·小学科学四年级上册（2022 年版）》《义务教育书·小学科学五年级上册（2022 年版）》；人教版《义务教育书·初中地理八年级上册（2022 年版）》；湘教版《普通高中教科书·地理必修第一册（2022 年版）》《普通高中教科书·地理选择性必修 3 资源、环境与国家安全（2022 年版）》（山东大学公共管理学院博士生周扬制作）。

（二）集中教育：开学初、放假前的针对性集中式安全教育

根据《中小学幼儿园安全管理办法》要求，学校应当在开学初、放假前，有针对性地对学生集中开展安全教育。新生入校后，学校应当帮助学生及时了解学校的相关安全制度和安全规定。目前，各地中小学基本都能够完成基本的安全教育，但是总体上来讲，大多数学校在集中安全教育上所花的时间并不多，而且主要是警示性教育，而非技能性教育。对此，可以认为是说教型的安全教育，只是起到提醒和警示作用。

（三）专项训练：根据要求进行校园安全专项教育

专项训练是校园安全较为普遍的一种训练方式。一般包括安全知识专题教育和安全应急演练两个部分。学校每学期应当开展至少一次针对洪水、地震、火灾等灾害事故的紧急疏散演练，使师生掌握避险、逃生、自救的方法。假期前夕，按相关规定要求，各中小学必须积极组织中小学生参与水上交通安全教育、消防安全教育假期专项行动等专题活动，对中小学生进行专项安全教育。但是对于如何进行专项教育，并没有规定具体的内容与形式。所以，目前多数学校都是进行简单教育。

安全知识宣传教育方面，多数学校对学生开展安全防范教育，使学生掌握基本的自我保护技能。主要包括交通安全教育（掌握基本的交通规则和行为规范），消防安全教育（掌握基本的消防安全知识，提高防火意识和逃生自救的能力，有条件的可以组织学生到当地消防站参观和体验），戏水与游泳安全卫生教育，事故预防演练安全教育。一般来说，各地各校会结合地形地貌、季节气候等特点，专项组织防溺水、交通安全、治安安全、防治校园欺凌、预防青少年犯罪、防火（森林草原防灭火）、防洪、防地灾、防震避灾、食品卫生、常态化防疫等专题宣传教育。

目前来说，对于实践性的安全教育，最有效的就是应急疏散演练安全教育。按照教育部《中小学幼儿园应急疏散演练指南》和《中小学幼儿园应急疏散演练技术规程》要求，要求中小学校每月一次、幼儿园每季度一次进行应急疏散演练，并确保演练安全和效果。当前，为避免演练中出现安全问题，指南要求各中小学校要认真做好演练准备工作，加强对演练的过程监测和数据采集，坚决防止发生拥挤踩踏、烟雾中毒等安全事故，避免安全教育中出现安全问题。对于重大灾难高发地区，还

要根据本校建筑分布、建筑物抗震设防等级、学生人数及年级、楼梯宽度、楼道和通道等实际情况，针对地震、防暴、火灾、洪水等灾害情况，绘制详细的安全疏散路线图，制订周密的演练方案，在确保安全的前提下，认真组织开展应急疏散演练。地震重点监视防御区和危险区的应急演练，还要针对上课、课间、午休、就寝时和不同楼栋、不同楼层、不同地点的安全转移方式等不同情景开展有针对性的应急演练。所有学校的应急疏散演练要实现学校及校点和全体师生员工的两个"全覆盖"。

（四）安全宣传式教育：全国中小学生安全教育日的政策要求

为提升安全教育水平，国家设立全国中小学生安全教育日（自1996年起，中国确定每年3月份最后一周的星期一为全国中小学生"安全教育日"），这一制度的设立为全面深入地推动中小学生安全教育工作，大幅降低各类伤亡事故的发生率，切实做好中小学生的校园安全保护工作，起到了重要作用。每年的安全教育日都要求各地教育部门和中小学校进行安全教育的宣传和实践，或播出安全教育日专题节目对中小学生进行教育。从调查的情况来看，大多数学校都会在这一天前后的近一周时间内对学生进行宣传教育，主要形式是课程、海报宣传、图片传播等，还有实践式的教育。

另外，除了安全教育日外，开展常态化安全宣传教育也是校园安全教育的重要环节。各地各校要明确落实安全教育周、安全教育月，不定期组织开展安全宣传咨询日、文艺表（巡）演、书法或绘画摄影作品展览、安全公开讲座、安全巡回演讲、安全主题征文等活动。各学校要充分利用黑板报、墙报、校园广播、校园网络平台、微信、短信、校会、升旗仪式、主题班（团、队）会、早会、安全知识讲座、安全演讲比赛、阅读安全文章（书籍）比赛、分享避险经历（经验）等，营造安全教育的良好氛围，使安全教育常抓不懈，警钟长鸣。

（五）体验式教育：实践能力拓展和安全体验式教育

体验式安全教育是目前较为重要的安全教育方式。它要求安全教育教师要根据不同的安全教学内容，结合学生的实际情况和学校的现有条件，模拟不同的安全场景，精心设计教学活动，通过角色扮演、情景体验、实际体验、影片欣赏、经验分享、谈话沟通、认知澄清、动手操作、行为训练等丰富多彩的活动形式，利用广播、电视、计算机等现代教育手段，探索寓教于乐、寓教于丰富多彩活动的教学组织形式，促进学生有效参与体验。

体验式安全教育主要有三种形式：

一是基地式的安全体验教育。各地各校要主动会同相关部门和单位，积极组织学生到当地的防灾减灾馆、消防（地震、交通）宣传教育基地、防震宣传教育科普基地、地震纪念馆、安全体验室等场馆参观、学习、体验。

二是消防等相关部门提供的专项体验式教育，主要是从事应急管理与应急救援相关的部门或团队进学校，或学生进基地，进行体验教育。

三是由专业公司提供的体验式安全教育。目前广州、深圳、广西玉林等地，已经形成了专业体验式教育公司，它们提供系统的体验式教育课程，中小学校进行服务采购，为学生提供较为全面、系统的安全项目培训。

（六）家庭安全教育：以家校结合为基础的安全教育

家庭安全教育主要是由家长对学生进行安全教育，主要集中在日常生活中。由于学生与家长相处时间比较多，教育效果会比较好。但是，总体上来看，许多家长本身并不具备全面的安全知识。因此，学校要高度重视家庭教育和学校教育的有机结合，教育行政部门要指导并做好学校、家庭和社会的共同安全教育。各校要采取积极措施帮助家长强化对孩子的安全教育意识，指导家长了解和掌握安全教育的科学方法，主动寻求家长和社会对安全教育的支持和帮助。学校可结合本校实际，在特殊时期采取致家长一封信、致家长安全提示书，或布置安全教育家庭作业，要求学生与家长开展相应安全专题的家庭学习讨论等形式，确保宣传到位、知晓到位、回执到位、落实到位。

（七）协同安全教育：多部门配合与协同安全教育方式

目前，大多数中小学校会和当地公安（注重法律安全）、交通、应急、消防、卫健、自然资源、水利、地震、气象等部门建立密切的业务联系，这些部门本身都具有宣传安全教育的相关职责与任务，而中小学校是它们进行安全教育的重要平台。学校也会聘请专业人员担任安全兼职教师，外聘安全兼职教师根据学生特点确定安全教育内容，并且协助学校制订应急疏散预案和组织疏散演习活动。如四川省要求配备法治副校长（或法治辅导员），每学期应到学校指导开展 1 次以上针对校园欺凌（暴力）事件、个人极端事件、交通事故等的防范处置或应急疏散演练工作。

（八）考试式教育：将安全教育考试纳入考核与测评范围

2020 年教育部制定的《大中小学国家安全教育指导纲要》，要求在中学阶段相关学科要把国家安全教育有关内容纳入考核评价范围，兼顾活动参与情况的考察。

2016 年开始，贵阳市教育局组织编写并下发了《贵阳市学生防溺水、交通安全教育知识》《贵阳市中小学禁毒应知应会知识》，在中考中纳入安全和毒品预防知识的考核，如在政治、历史、化学、生物等相关学科的考试中，通过原题复现等方式进行考查，来提高学生自我保护意识和能力，增强家庭对安全教育的重视程度，逐步减少学生校园安全事故的发生。

2019 年湖北省将生命安全教育、心理健康教育课程设为中小学必修课，要求中考试卷要有生命安全教育和心理健康教育的内容，高中安全知识测评未通过者不能毕业。2021 年，四川省规定，所辖区域有地震重点监视防御县或森林草原高危险县的市（州），必须自 2021 年起将安全知识纳入本地中考内容，其他市（州）不晚于 2023 年起将安全知识纳入本地中考内容。2021 年海南省政府办公厅印发《关于加强中小学幼儿园安全风险防控体系建设的实施意见》提出，在完善学校安全风险防控体系建设方面，要健全学校安全教育机制，要逐步将安全教育知识内容纳入初中毕业生学业考试。

由此可见，将安全教育纳入中学考试既是制度也是规定，同时也是校园安全教育刚性化发展的必然要求。

第二节　中小学生安全教育存在的问题和困难

虽然目前各地中小学都开展了较多的生命安全教育，对于培养学生生存能力、健全素质教育起到了很大的作用。通过安全教育，让孩子们懂得并掌握安全知识、具备防范意识非常重要。近年来，各地政府对学生安全教育越来越重视，投入安全教育的资金也越来越多，但是由于各方面因素的制约，安全教育受到一定程度的影响。各地中小学安全教育仍存在一定困难和问题，中小学公共安全教育课程适用性不足，各类安全教育的效果并不明显，安全教育还存在许多改进的空间。

一 校园安全教育形式化，应付式教育效果不佳

学校是进行中小学生安全教育的主体，对加强中小学公共安全教育、培养中小学生的公共安全意识、提高中小学生在突发安全事件中的自救自护应变能力起着至关重要的作用。但是，目前校园安全教育存在形式化问题，教育效果不佳。

总体来说，不少学校口头上都重视安全教育工作，而事实上却流于形式，安全保护意识低，缺乏有效的安全教育。注重事后教育而不是事前教育，很多学校往往是出了事才会想到进行安全教育和演习。还有些学校是在事故发生后紧锣密鼓地进行安全教育，一段时间后就偃旗息鼓。更有甚者，是少数学校的安全教育只为应付上级教育主管部门的检查，安全教育完全流于形式。

另外，中小学安全教育并未单独开设一门课程，主要有三种形式：第一种形式是把安全知识交叉渗透在其他课程中。中小学安全渗透教育主要体现在思想政治课、生物课、化学课和体育课中。思想政治课有相关安全法律的知识，生物课有卫生保健方面的知识，化学课则有危险化学品使用安全的说明，体育课会对容易发生的运动伤害进行说明并介绍防护措施。

第二种形式是主题班会、国旗下的演讲、安全教育讲座。这是大多数中小学采取的安全教育方式，一般为每年3月份的一个星期，围绕当年"安全教育日"的主题，由班主任召开相关安全教育班会。而国旗下的演讲则一般由主管校园安全工作的领导进行。安全教育讲座一般由校方邀请公安或消防部门等具有相关资质的工作人员到校进行专题讲座。

第三种形式是板报、宣传栏及网络宣传。大多数中小学校会充分利用学校的宣传栏及班级板报进行安全知识或安全教育宣传。据某学校安全负责人的介绍，学校宣传栏和班级板报中的安全知识还会根据时间不同进行更换，春秋季进行防传染病知识宣传，夏季进行防溺水安全知识宣传，节假日前后进行防火防电等安全知识宣传。除了传统的线下宣传

形式外，中小学校也开始利用"校讯通"或班级 QQ 群、微信群等进行网络安全教育宣传工作。

二 安全教育内容没有形成体系，教育培训刚性不足

目前还没有形成统一规范的全国性的安全教育体系。在课程标准和课程设置上，虽然已经将安全教育纳入教学内容，对学生开展安全教育，但是却没有形成严格的课程标准和课程体系。

第一，缺乏整套的《中小学安全教育》教材。这整套教材应当包括《幼儿园安全教育》《小学安全教育》《初中安全教育》《高中安全教育》等。或者，缺乏按相关灾难类型进行编制的安全教育教材。

第二，缺乏系统的课程安排与安全教育评价体系。安全教育与学科教育渗透与融合虽然是当前较为理想的教育方式，但其问题也比较突出。一是其他方面的教学内容冲淡了安全教育。二是专业教学老师缺乏专业的安全教育知识与技能，无法适应多方面安全与应急技能教学的要求。三是学科渗透式教学，只是较为松散的安全教育体系，不足以训练学生掌握应急技能和基本的安全知识。

第三，缺乏安全教学课时的刚性约束。应严格要求学校每周开设一堂安全课，每学期不少于 16 节，小学六年下来则可以掌握 50 种以上的专项安全技能。加上初中三年，对于学生来说，基本可以掌握生命教育、安全教育与应急技能教育的全部内容。

三 安全教育的时间安排零散，重宣传轻实操

中小学校开展安全教育的时间安排分为两种：一种是常规安全教育的时间安排；另一种是紧急情况下"救火式"安全教育的时间安排。常规安全教育的时间安排根据安全教育的形式而定，安全教育主题班会一般安排在每年 3 月份；安全教育专题讲座一般安排在召开全校师生大会时；一般的安全教育提示安排在学期初或学期末，由班主任负责；在各门课程中的安全教育渗透则随堂进行。而紧急情况下的"救火式"安全教育则分为两种情况：一种是本校短时间内高发事故或传染病，为避免事态严重，紧急采取防治措施与安全教育工作；另一种是一定区域短时间内偶发多起事故或传染病，由上级教育部门发文，要求学校相关领导高度重视，预防本校也出现紧急情况而进行的安全教育工作。

宣传式的安全教育为主流。中小学安全教育主要通过专题型和渗透型教育、安全教育宣传、主题班会等形式进行，如邀请消防部门、交通局开展专题安全教育活动。同时学校也利用上课时间穿插一些安全教育知识进行渗透型安全教育，但通过板报等传统方式进行安全教育宣传的仍高达90%以上。

四　安全教育重管理轻教育，经费投入不足

由于安全责任重大，所以学校对于校园安全管理极为重视，但是为了安全，却减少了可能出现事故的安全教育培训，如取消军训射击、春游、野炊、野外探险等包含危险因素但应开展的实践活动；由于使用剪刀不安全，取消原本该让学生用剪刀进行操作的课程项目；由于亲手做硫酸等化学实验不安全，将实验课改为教师的演示课；体育课中用比较安全可靠的项目取代对抗性较强的项目。

另外，学校教育经费尤其是安全教育经费普遍投入不足。虽然各地方政府都会从政策和资金两个方面大力支持教育的发展，但在安全教育方面普遍没有设立专项费用，教育部门经费预算中也缺乏安全专项，只有应急管理与灾害防治专项。同时，这些经费的投入主要集中在安防基础建设和人员配置上，在安全课程的政府服务采购、安全教育课程研发、模式创新、评价体系等方面投入不足。

五　安全教育师资能力不足，专业化师资严重匮乏

第一，目前不少学校的安全教育工作由班主任或任课教师兼任，但其自身大多缺乏安全教育基本素养与能力。通过调研发现，中小学并未专门配备进行安全教育课程的教师，而主要依托分管校园安全的领导、班主任、校外专业人员进行安全教育工作。同时，中小学普遍实施学校安全教育一把手责任制，相关领导分管，并下派具体执行人员，由班主任负责，依托各任课教师共同实施。但这些老师其时间和精力大部分集中在科目的教学以及班级行政事务的管理上，他们自身大多也缺乏专门的安全教育知识。虽然教育局曾为中小学校进行安全知识和技能培训，但是培训的范围只局限于部分区域或学校，而且参与培训的多为学校领导,不少学校从未面向教师层面开展过安全教育培训。

第二,学校还会与校外相关机构协调,邀请公安、消防、交通等专业人员来校指导安全教育活动,传授安全知识和防护技能,借用其专业师资进行培训。这种培训的效果比较好,但是这种培训一般会在专门的安全教育日进行,时间短,项目少,比较单一,缺乏系统化。①

第三,安全教育的师资配备不足,教学效果比较差。在与学生访谈中,我们了解到,目前许多学生普遍反映安全教育枯燥乏味,老师在讲授安全教育知识时,远离实际生活,照本宣科,讲完之后还是不知道怎么做,实际效果较差。

第四,家庭安全教育缺失,一些家长安全教育意识不足。学生进入学校,并非完全交由学校管理,家长也有必要对子女言传身教。在调查中发现,家长对于安全教育的责任问题存在三种情况:一是少数家长将安全教育的责任全然推给学校;二是部分家长想对孩子进行安全教育却不知从何入手,想做不知道怎么做;三是部分家长在日常生活中没有给孩子传授自身的安全防范常识与经验的习惯。

六 安全教育评价考核体系不完善,教育效果不佳

第一,学校安全教育基本没有标准的评价方式,仍停留在问卷、采访阶段。没有形成集知识、技能、行为能力于一体的评价体系,未形成学校、教师、学生、家长等全方位的考评主体。

第二,总体传统的安全教育方式居多,教学效果不佳。通过调查发现,目前一些地区的中小学生仅能通过板报、讲座、主题班会等传统方式接受蜻蜓点水般的安全教育。由于缺乏安全知识和技能,多数教师照本宣科,授课内容枯燥,学生兴趣不高,学习效果基本不理想。

第三,各地方政府教育部门对安全教育效果缺乏硬性指标,对其评价与考核规定不明确,考核要求不高。

---

① 程锦廷:《深圳市中小学安全教育问题与对策研究》,硕士学位论文,哈尔滨工业大学,2014年。

第三节　中小学校园体验式安全教育模式的探索

一　体验式校园安全教育实施的基本思路

体验式校园安全教育就是根据教学的基本规律，通过学生亲身参与、实践体验、亲身感受等方式进行安全训练，使学生掌握安全应急相关技能，能够使用相关安全设施与设备。这是目前来说最适合学生的安全教育模式。

根据专家研究，在学习中，主动学习比被动学习的效果要好，实践式与体验式的学习效果比平常的演示性学习和视听式学习效果要好一倍以上（见图3-1）。

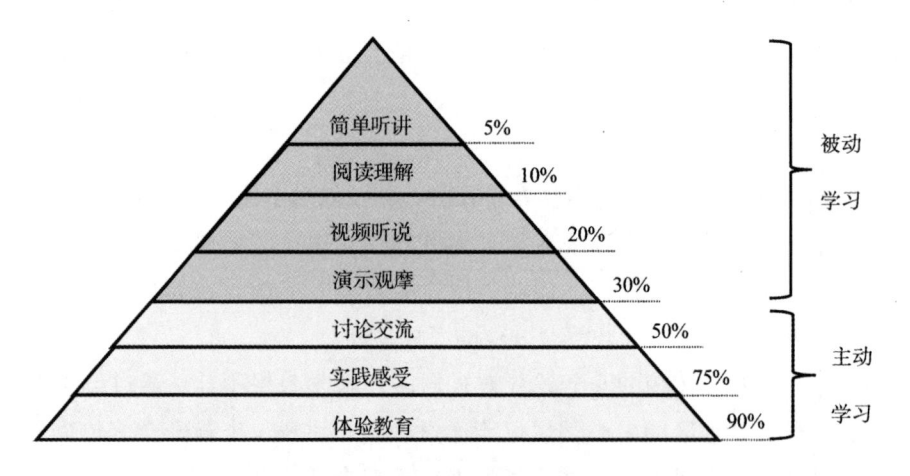

金字塔图：

被动学习：
- 简单听讲　5%
- 阅读理解　10%
- 视频听说　20%
- 演示观摩　30%

主动学习：
- 讨论交流　50%
- 实践感受　75%
- 体验教育　90%

图3-1　学习内容平均留存率

中小学是最适宜进行体验式安全教育的时期，因为这个阶段的青少年善于观察成人的行动并加以模仿。青少年受教师和家长的影响，通过接受安全指导并转化为行动，最终养成良好的安全习惯。如果错过了这个关键时期，将会留下极大的安全隐患。因此在进行安全教育时，采用实际的行为进行示范比单纯用语言指导效果要显著。要提高学生应对安全事故的能力，就要多开展安全体验式安全教育活动，贯彻安全意识、安全知识、安全技能和安全文明四方面学习，对学生进行全方位强化和培训。

体验式的安全教育就是让学生在实践中学习、从实践中体验，从体验课程中学会安全知识和技能，提高其进行自救和救助他人的能力。

二 体验式校园安全教育模式的创新与课程特色

体验式安全教育课程体系构建遵循"问""想""做""评"四位一体循环提升的教学模式。通过实践演练进行检验，实现"我"会安全；通过创课实验进行问题探究，实现"我"要安全；通过安全测评，形成长效机制（见图3-2）。

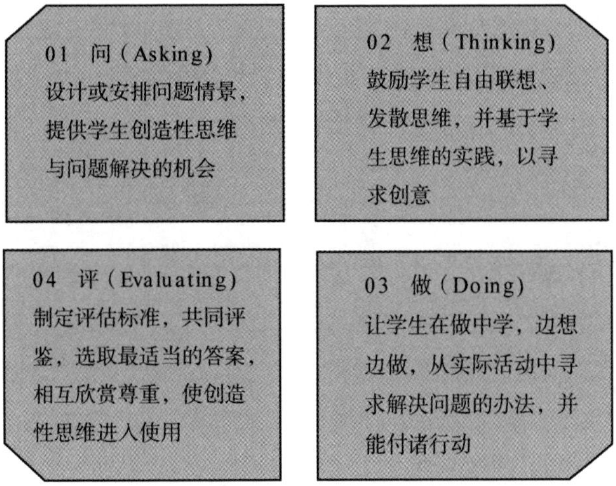

01 问（Asking） 设计或安排问题情景， 提供学生创造性思维 与问题解决的机会	02 想（Thinking） 鼓励学生自由联想、 发散思维，并基于学 生思维的实践，以寻 求创意
04 评（Evaluating） 制定评估标准，共同评 鉴，选取最适当的答案， 相互欣赏尊重，使创造 性思维进入使用	03 做（Doing） 让学生在做中学，边想 边做，从实际活动中寻 求解决问题的办法，并 能付诸行动

图3-2 安全教育教学模式构建

课程设计强调系统性，将安全教育理论和实际体验相结合，通过全学段的系统教学，逐步养成学生珍爱生命的观念，培养学生良好的安全意识、掌握风险防范和危机应对的技能。通过每一个课程按"问→想→做→评"即"线上预习相关安全知识+线下情景模拟互动体验+线上学习情况评估反馈"（课前、课中、课后）三位一体的教学结构，实现学生"意识→知识→技能→习惯"的转化。此外，课程设计不仅要注重专业性安全知识的传授，也要遵循学生的发展规律，根据学生的学习情况和实践能力，安排有针对性、阶段性的实践课程。同时，课程设计还要引入大数据、"互联网＋"、信息化建设等，利用高科技手段提高课程的趣味性和真实性，通过信息技术软件全程记录课程学习过程，不断建设并完善情景模拟体验式安全教育课程。

三 体验式校园安全教育的成功模式与实践载体

（一）体验式校园安全教育的两个成功模式

1. 体验式校园安全教育"玉林模式"

在校园安全人防、物防和技防三防建设中，人是基础也是最为关键的。玉林市提出做好安全教育必须从顶层设计入手，立足于现实需求，做好整体规划并夯实基础，尽快针对学生形成体验式安全教育体系。具体内容包括以下几方面。

（1）整体规划，树立权威体系和长效机制

开展玉林市中小学生安全教育，构建完善的安全教学体系，建立完善、权威的理论体系、课程体系和产品体系，并将课程活动的长效机制纳入整体教学规划。基于学校的安全风险评估和认证需要从学校的安全保障硬件、软件以及教师、学生和行政后勤人员几个方面，全面细化安全目标评估考核办法。设置权威、科学、系统的安全评估认证体系，用统一的标准对全市中小学和幼儿园进行安全风险评估考核与认证。

（2）创新形式，推进体验式安全教学模式发展

体验式安全教育是通过视听、操作和互动参与等，使学生通过个体体验实操，完成"意识→知识→技能→习惯"的转化，初步形成应对风险的本能。这种安全教学模式的优势在于，它能够很好地结合学生的身心发展规律和学习规律设计教学模式。通过重现各种安全场景、"送课入校"体验式安全教学模式、学生研学模式等让学生进行情景化体验学习，并进一步引导学生在亲历的过程中理解并建构知识、发展能力、产生情感、感知意义。学生通过亲身的实践增强安全意识，能正确应对常见的安全突发事件和各种安全威胁，增强自救自护能力。

玉林市通过多种形式，重视技能学习和个体实操，开展体验式安全教育活动。基于"互联网＋"技术，同步建立"线上＋线下"联动安全教育平台，形成长效机制。加强相关师资培训和家校合作，建立教师培

训机制、教师安全教育体系和家长履职教育机制，形成安全教育合力。

2. 体验式校园安全教育"深圳模式"

深圳市建设体验式安全教育、创新教学模式的做法如下。

一是积极推进体验式安全教育模式，通过视听、操作和活动参与等，使学生通过亲身的实践，增强安全意识，能正确应对学校和社区常见的安全突发事件和各种安全威胁，增强自救自护能力，为学生平安、健康地成长，提供安全方面保障。二是通过政策扶持，解决人才缺乏、课程单一等问题，提高开展实施体验式安全教育的专业课程和师资。三是加大安全教育投入，特别是针对部分民办学校实施体验式安全教育存在经费困难的问题，在政策上给予倾斜，配套安全教育专项资金。对于实施情况优秀的中小学和幼儿园进行表彰鼓励。四是统一规范，加快学校安全标准化体系建设。《深圳市学校安全管理条例》《中小学（幼儿园）安全工作专项督导暂行办法》的发布，为深圳市的校园安全管理指明了方向。未来仍需使用针对性更强的专业安全教育评估和考核认证标准，进一步规定统一的校园安全风险评估标准和细则，强化考核督查。五是成立学校及社区安全教育联盟，定期开展安全教育反馈与经验交流活动。对实施体验式安全教育和开展安全评估认证表现优秀的学校、社区进行星级挂牌、评比和奖励，并在优秀示范学校和社区开展经验交流和推广示范活动。六是联合有关部门和各街道、社区、学校等明晰职责、协同配合，齐抓共管，合力推进体验式安全教育。注重典型示范引领，认真总结学校、校区等加强安全教育的典型经验做法，适时召开经验交流会议，通过媒体积极宣传推广，形成特色品牌。

（二）体验式校园安全教育的专业载体与依托平台

体验式安全教育需要有一整套完整的培训体系，有比较完善的教学设施与设备，需要有专业的师资培训力量。而由于使用率并不高，学校的投入是不必要的，因此需要专业性的公司或公益性的应急体验场馆进行集中性的投入，形成专业化的培训供给。

1. 专业公司：广州市安全卫士应急管理科技有限公司体验式校园安全课程

寓教于乐，寓学于趣，具有体验式应急安全教育的天然优势。广州市安全卫士应急管理科技有限公司专注于校园应急安全科普教育，通过建立一套专业化、系统化、流程化的体验式安全教育课程，服务于校园的安全科普宣教。主要课程有：交通安全（汽车盲点体验、汽车模拟碰撞体验、骑行安全体验）、社会安全（疏散及防踩踏体验、反恐防暴体验、禁毒安全体验）、意外伤害（防溺水体验、危险求救体验、心肺复苏体验）、消防安全（浓烟逃生体验、模拟灭火体验）、自然灾害（地震逃生体验）等。

安全卫士体验式安全教育的教学亮点包括：（1）课程系统性。课程将风险分析、知识学习、情景模拟、能力特训及应对机制进行全面深入的设计，每一个课程"问→想→做→评"前中后四位一体的教学模式，是一个完整的学生安全教育综合解决方案，系统且极具针对性。（2）课程科学性。来自安全、教育领域的多位资深专家引领，由专业团队打造，课程获得权威机构支持，引入了国际先进经验。课程设计过程中，不但注重安全知识的专业性，也遵循不同年龄段学生身心发育特征和认知水平、教育客观规律设计，通过严谨的教学模式和手段，确保学习过程的科学性。（3）课程实效性。高素质专业资质教官团队，累计服务全国400多所学校、300多个街道和社区，惠及600万人次，课程效果广受好评，课程具有非常强的实效性。（4）技术先进性。第一人称视角直播、VR/AR、模拟地震平台等多种高科技手段的应用，不但增加了课程活动氛围，增强了师生的参与感，更重要的是通过新技术的应用，在确保安全的情况下让学生如身临其境并科学记录现场，实现文本、图像、视频资料留存。（5）兼顾公平性。所有课程设计，均以线下模拟情景沉浸体验形式开展，20—30名学生一组，由专业教官以小组形式教学，力求让每一个学生都能参与体验学习，通过安全赋能教育，保障教育公平，实现人民教育为人民。同时深圳模式突破场地和时间限制，可以"送课入校""送课入基地""送课入社区""安全教育巡演"等多种方式让学生体验、学习安全知识。（6）课程趣味性。课程摆脱传统安全教育说教模式，强调教学道具的设计使用以及VR/AR、仿真平台体验等新技术的应用，进行教学模式创新，提高课程组织的趣味性。

2. 应急体验馆：青岛海丽应急安全教育培训中心"体验式"培训

青岛海丽应急安全培训中心是国内首家"体验式"应急安全教育培训中心。该馆主要从事应急安全教育培训、应急自救整体解决方案制订与运营。应急体验馆面积达 2600 平方米，以消防应急安全教育为主，涵盖地铁应急逃生体验、医疗救护等 10 大体验区、25 个体验点，在全国范围内开创了"体验实操式"应急安全培训模式的先河。通过现场讲解、互动体验等方式，让体验者学习掌握灾难预防、初期处置以及逃生自救的知识与技能。自 2014 年开馆至今，先后培训体验者达 30 余万人次，其中学生培训达到 20 余万人次。应急安全培训中心利用现有"移动体验馆"平台，开展校园拓展训练、校园安全技能运动会、校园疏散演练、新生军训、开学第一课等活动，采取多种方式，打破传统的理论式授课方式，将消防安全知识融入模拟灭火、火场逃生体验、高层楼宇逃生等多种培训体验项目当中。增强培训的互动性，利用游戏带来的趣味性，增强其应急安全意识和自救互救技能，提高突发事件应对能力。

3. 体验基地：各类研学基地与劳动实践基地的"体验式"培训

到 2023 年 3 月，广州对标中小学校的素质教育要求，已认定两批 81 家中小学生研学实践教育基地（营地），涵盖优秀传统文化、革命传统教育、国情教育、国防科工、自然生态、职业体验与劳动教育、生命与安全教育、财商教育八大板块。

广州市教育局认定的第二批中小学生研学实践教育基地——胜捷生命安全与健康科普实践教育基地，拥有全系列的消防安全装备，如火灾逃生面具、逃生缓降器、灭火器、消防摩托车等。胜捷基地可以在安全的条件下，满足孩子们的好奇心，并且让孩子们找到生活中的安全隐患，学习逃离危险的各种方式。胜捷基地配备有高级研学导师、研发工程师作为专科专项讲解人，涵盖消防类、机械装备类、食品安全类等生命安全与健康科普类别，还有 30 名志愿者担任助教。所有讲学人员都参与过应急消防演练、急救、逃生技巧等相关培训。

2022 年，胜捷生命安全与健康科普实践教育基地结合教育部印发的《中小学综合实践活动课程指导纲要》《生命安全与健康教育进中小学课程教材指南》文件精神，升级打造了生命安全与健康、预防与规避危险的研学实践科普基地。应用声、光、电等现代科技方式搭建真实场景，让体验者在仿真自然环境下学习如何防灾减灾、脱险、逃生。

四　体验式校园安全教育的实施效果

事实证明，体验式的校园安全教育是目前为止最为有效的教育方式。如果说一般性的安全教育只解决了学生的安全意识问题，那么体验式的安全教育则解决了学生对突发事件的真实应对问题。

第一，已发生事故证明体验式校园安全教育得到有效的检验。

2008年5月12日，四川省汶川县发生8.0级大地震，损失惨重，举世震惊。但地震发生后，北川县刘汉希望小学的483名学生及教职工全部脱险；安县桑枣中学全校2200多名学生、上百名老师，用1分36秒全部冲到操场，无一伤亡……①

2022年5月3日凌晨4时15分，湖南长沙居民自建房倒塌事故救援现场，一名女孩在被埋压了88个小时之后，被成功救出。"把女孩救出时，她的身体和精神状态都比较好。"长沙消防救援支队现场抢险救援攻坚组指挥员介绍说，女孩出色的自救能力是最终获救的关键……②

在对这些事件的研究过程中，不难发现一个事实：没有人员伤亡的案例，无一不是注重学生安全技能教育培训的，无一不是应对突发事件有一定经验的。

第二，目前各中小学的体验式教育获得学生与家长的一致好评。

目前，无论是政府相关部门与学校进行的体验式安全教育，还是专业体验场馆的安全教育，抑或是专业机构提供的安全体验教育，都普遍获得好评。深圳市和广西的玉林市，作为体验式安全教育的重要示范点，都得到了政府相关部门的认同，也得到了家长和学生的肯定，取得了较好的效果。

第三，各地中小学校不断地推广与探索体验式的安全教育。

由于体验式安全教育具有众多的优点，尤其是其属于真正的技能性

---

① 《北川教师地震时疏散学生483名孩子全部脱险》，《四川日报》网（https://news.cctv.com/china/20080610/103220.shtml，2008年6月10日）；《一位校长创造抗震奇迹：安县桑枣中学师生无一伤亡》，新华网（https://news.cctv.com/society/20080524/102644_2.shtml，2008年5月24日）。

② 《身陷绝境，她如何扛过88个小时？》，澎湃新闻（https://www.thepaper.cn/newsDetail_forward_17927256，2022年5月4日）。

安全教育，学生可以获得真正的体验感，也能获得真正的技能训练，在安全思想与避灾行动上都能达到安全教育的基本效果，所以，各地都在不断进行推广。同时，由于体验式安全教育可以与生命教育和研学实践教育相关结合，所以未来也具备较强的扩展空间。

鉴于以上，政府应主导以情景体验为依托的全新学校送课上门安全教育模式，以及学生到基地开展实景研学的模式，引导学生在危急时刻，用通过体验得来的安全技能，正确应对，实现自救、他救。

五 体验式安全教育的各类课程示范[①]

（一）交通安全

1. 交通常识体验营

【适用】

小学低年级

【课程目标】

（1）掌握常见交通安全标识、交通规则的基本知识。

（2）在情景实践中掌握交通安全规则，在日常生活中能够安全出行。

（3）提高学生遵守交通规则的安全意识，保障自己的生命安全。

【课程流程】

（1）通过导入和观看视频，了解遵守交通规则的必要性。

（2）通过情景体验，意识遵守交通规则的重要性，掌握相关交通安全标识。

（3）通过情景问题互动进行总结回顾，进一步掌握巩固交通安全知识与规则。

【解决痛点】

培养学生遵守交通规则的安全意识，以及良好的交通安全习惯。

2. 汽车盲点体验营

【适用】

全年龄段

[①] 注：本节提到的相关课程案例由安全卫士（广州）应急安全技术服务有限公司提供。课程内容的使用得到了该公司的许可。

【课程目标】

（1）知道汽车有盲点，了解汽车盲点是导致交通事故重要因素之一。

（2）掌握汽车盲点所在区，懂得在生活中避开盲点，保障自身安全。

（3）提高学生交通安全意识，养成生活中远离汽车盲点保障自身安全的好习惯。

【教学流程】

（1）了解什么是汽车盲点，知道汽车盲点会导致交通事故，危及行人生命安全。

（2）通过互动体验的方式，找出汽车周围的盲点区域。

（3）回顾总结，联系现实生活，懂得生活中远离汽车盲点保障自身安全。

【解决痛点】

学生公共区域车辆随意停放情况较为普遍。教导学生在汽车附近时，有正确的认识，避开危险区域，减少事故发生的可能性。

3. 汽车模拟碰撞体验营

【适用】

全年龄段

【课程目标】

（1）知道安全带能保护我们的生命安全，懂得车辆行进时不与司机聊天，了解12岁以下不坐副驾驶座位，坐在后排座位上要系好安全带等安全知识。

（2）能根据自身身高和体重选择合适的安全座椅保障自身安全，并会正确使用安全带。

（3）提高学生乘坐交通工具时的安全意识，懂得用安全带来保障自己的生命安全。

【教学流程】

（1）通过导入分享，观看视频，了解乘车系好安全带的重要性和必要性。

（2）通过体验前指导，懂得每个人都要根据自身体重或身高选择合适的安全座椅保障安全等相关安全知识。

（3）通过体验，掌握不同安全座椅安全带的系法，同时直观了解系安全带与不及安全带带来的后果。

（4）在安全童谣中回顾总结相关安全知识点。

【解决痛点】

学生乘坐交通工具不系安全带的情况较为普遍，存在较大的安全风险，教导学生正确使用安全带，提高学生乘坐交通工具时的安全意识。

4. 骑行安全体验营

【适用】

初中

【课程目标】

（1）了解在道路上容易发生的骑行危险。

（2）自行车行驶风险的预判。

（3）骑行自行车要遵守的交通安全规则以及安全注意事项。

【教学流程】

（1）通过互动导入及观看视频，了解道路骑行的风险。

（2）学习了解骑行自行车要遵守的交通规则及安全注意事项。

（3）通过体验，从不同角度了解骑行和机动车互相之间的影响。

（4）引导学生影响家长及其他人。

【解决痛点】

学校周边道路情况复杂，共享单车使用较为普遍，学生骑行更是面对更多风险，如路边停车突然开门、行人突然穿行，电动车快速行驶，都要求学生骑行的时候严格遵守规则，对风险有正确认识和预判。

（二）社会安全

1. 疏散及防踩踏体验营

【适用】

全年龄段

【课程目标】

（1）认识疏散标识，知道疏散逃生的注意事项。

（2）掌握防踩踏自我保护的方法、动作要领。

【教学流程】

（1）以案例和视频导入，引起学生对疏散防踩踏的重视。

（2）师生互动，学习防踩踏自我保护的方法及动作要领，培养安全意识，提高自我防范能力。

（3）模拟体验，学生模拟防踩踏自我保护技巧。

（4）通过互动问答的方式复习踩踏自我保护的方法及动作。

【解决痛点】

在学习和社会公共场所中，人员非常密集，是踩踏事件的高发地。学生通过学习体验，掌握防踩踏自我保护的方法及动作要领。

2. 反恐防暴体验营

【适用】

全年龄段

【课程目标】

（1）了解恐怖暴力事件的危险性质、特点和特征，提高安全防范意识。

（2）面对恐怖暴力事件能够有迅速离开或有效躲避的安全意识，掌握一些面对恐怖暴力事件做好自我保护技巧。

（3）通过模拟体验，提高学生在突发危险情形下应急反应能力，提升心理抗压能力。

【教学流程】

（1）以案例和视频导入，引出校园发生暴力恐怖袭击时学生该怎么处理，引起思想警醒和重视。

（2）阐述恐怖暴力袭击的类型、特征和现实案例。

（3）通过老师讲解和模拟示范，让学生了解防护安全技能。让学生模拟体验，增强对防护技能的运用，提高自身应对能力。

【解决痛点】

近年来，校园恐怖袭击事件越来越多。学生通过体验学习了解校园恐怖主义暴力袭击的特点和性质，学会自我保护技能和应对方法。

3. 禁毒安全体验营

【适用】

全年龄段

【课程目标】

（1）了解什么是毒品，认识毒品的种类。

（2）通过探究式学习体验，认清毒品的危害性。

（3）提高学生"珍惜生命，远离毒品"的禁毒意识。

【教学流程】

（1）以案例和视频导入，引起学生对毒品的重视。

（2）通过探究式互动学习体验，了解毒品的种类及吸食毒品后的后果。

（3）总结回顾，联系生活，拒绝毒品，珍爱生命。

【解决痛点】

深圳外来人口多，人员复杂，吸毒人员较多。学生通过学习，了解毒品的社会危害性，学会保护自己，拒绝毒品。

（三）意外伤害

1. 防溺水体验营

【适用】

小学高年级及初中

【课程目标】

（1）知道如何防范溺水以及溺水急救的知识。

（2）掌握溺水后急救的技巧。

（3）提高学生溺水安全的防范安全意识。

【教学流程】

（1）以案例和视频导入，引起学生对防溺水的重视。

（2）师生互动，学习防溺水六不准，学会基本的自护、自救方法。

（3）教师示范、学生体验，掌握溺水后急救的技巧。

（4）通过互动问答的方式掌握防溺水安全知识。

【解决痛点】

游泳是一项非常好的体育项目，如果学生游泳时不注意安全，就很容易发生溺水事故。通过体验学习，学生能树立防溺水的安全意识，掌握避免溺水的基本常识。

2. 危险求救体验营

【适用】

全年龄段

【课程目标】

（1）掌握危险时刻求救、自救技能。

（2）提升安全危险时刻的安全自护意识。

【教学流程】

（1）以案例和视频导入，引起学生对危险时刻如何进行求救的重视。

（2）师生互动，学习使用各种求救信号求救。

（3）模拟体验，学生模拟遇险求救技巧。

（4）通过互动问答的方式复习使用各种求救信号求救。

【解决痛点】

身边存在各种各样的危险。学生通过体验学习，掌握危险时刻求救、自救技能。

3. 心肺复苏体验营

【适用】

小学高年级及初中

【课程目标】

（1）了解什么是心肺复苏法，知道"心肺复苏法"一般可以在什么情况下对人体进行急救。

（2）掌握心肺复苏的具体操作方法，知道心肺复苏法的基本步骤。

（3）通过急救措施的学习，培养学生关心、帮助他人的优秀思想品德，同时培养学生的安全素养，提高自我应对问题的能力。

【教学流程】

（1）以案例和视频导入，引起学生对应急救护措施的重视。

（2）师生互动，讲解心肺复苏的方法及注意事项。

（3）情景模拟体验，学生模拟对假人进行紧急救护。

（4）通过互动问答的方式复习紧急救护知识和技能。

【解决痛点】

近年来，学生各种意外事故频发。当身边同学、朋友发生意外时，学生通过体验学习的知识对别人基本的应急救护。

（四）消防安全

1. 浓烟逃生体验营

【适用】

全年龄段

【课程目标】

（1）了解火灾现场中的浓烟是造成人员死亡的主要原因。

（2）掌握浓烟中逃生、被困在室内等情况下如何自护求救的技能。

【教学流程】

（1）以案例和视频导入，引起体验者对浓烟逃生的重视。

（2）讲解火灾逃生注意事项和浓烟逃生技巧，示范如何使用防毒面具。

（3）安全教师示范，体验从浓烟逃生屋逃生。

（4）通过互动问答的方式复习浓烟中逃生、被困在室内等情况下如何自护求救的技能。

【解决痛点】

学校、家庭发生火灾时，学生懂得火场出现浓烟时的注意事项以及正确的逃生方式和对应的逃生动作。

2. 模拟灭火体验营

【适用】

小学高年级及初中

【课程目标】

（1）通过课程，了解灭火器的种类原理。

（2）掌握不同火源的应急处置和对应灭火器选择以及常规灭火器的使用方法。

（3）提高体验者安全灭火的安全意识。

（4）掌握运用结绳技能逃生自救。

【教学流程】

（1）以案例和视频导入，引起体验者对灭火和消防结绳知识的重视。

（2）给体验者展示讲解四种灭火器的简单原理、使用范围及区别、消防结绳的方法。

（3）安全教师示范，体验者操作灭火器和消防结绳，掌握灭火器和结绳正确使用方法。

（4）通过互动问答的方式复习不同火源的应急处置、常规灭火器及消防结绳的使用方法。

【解决痛点】

学生通过学习体验，掌握不同灭火器的灭火方法和结绳逃生技能。

火灾三小场所火灾隐患风险大，让高年级学生掌握正确的处置方法非常必要。

（五）自然灾害（地震逃生体验营）

【适用】

全年龄段

【课程目标】

（1）了解什么是地震，以及在地震中逃生与自救的知识。

（2）掌握地震发生时的自我防护方法。

（3）培养学生的安全素养，增强学生在地震中自我保护的安全意识。

【教学流程】

（1）以案例和视频导入，引起学生对地震安全的重视。

（2）师生互动、了解什么是地震，以及在地震中逃生与自救的知识。

（3）模拟演练及体验，进入地震车再次感知地震发生时如何防护。

（4）通过互动问答的方式掌握地震安全知识。

【解决痛点】

通过体验，让学生真实感受地震现场，懂得采取正确方法应对，保障自身安全。

第四节　全面推行中小学生体验式安全教育模式的建议

当前，对于做好校园安全教育工作，还需要从下列几个方面进一步完善。

一　明确定位，安全教育加快向体验式安全教育转型

（一）明确校园安全教育必须有30%以上的教学使用体验式教育

无论是从日本、瑞士等发达国家的经验，还是从国内少量的探索工作来看，体验式安全教育模式代表了未来的主流方向。因此，学生安全教育应以技能型教育为主，以学生体验、技能实操为主要特色。在教学内容上，对于小学生，以安全知识和简单技能为主；对初中和高中生，以应急和救援为主，形成安全教育的两个阶段。可以规定安全知识教学

必须加上实践课程，要求30%以上的学时用于体验式教育。

（二）明确一整套校园安全教材，配套体验式安全教育大纲

当前，需要以省级教育部门为单位，根据当地的灾害特色，编制一套与当地实际相符的安全教育教材，并且严格编制体验式安全教育大纲，形成评价标准，方便各学校参考使用。因此，我们建议，中小学和幼儿园学生，每人每年体验式安全教育课时不少于6个专题120分钟。用两年时间即可以保障每位受教育者全面体验、学习到12个安全教育专题。通过中小学系统的教育，基本上所有的学生都能够形成完善的生命和安全技能知识体系，都可以掌握生活与工作中的绝大多数灾害应对技能。

（三）体验式教育更多利用校外专业机构，需要整合校外资源

由于学校自身的局限性，体验式安全教育需要更加专业的师资，也需要专业的教学设施与设备，专业的机构可以弥补学校安全教育的不足，形成良好的辅助作用。依托校外机构，整合校外资源，形成良好的合作关系，使得安全教育更加经济和高效。

（四）实效至上，积极推进体验式安全教育多元合作模式

如果规定各地各校所开展的校园安全教育课程必须有30%以上的实践体验课程，这就会使体验式教学任务增加，所以必须整合各类平台资源。该课程可由学校自行开展或聘请专业团队协助开展，也可以利用各种资源，进行多元合作，让学生在实践中学习必备应急技能，将所学应用到实际之中，切实掌握各种安全技能。体验式安全教育活动可以根据学校自身的条件灵活地采取多种形式，如"送课入校"体验式安全教学模式、学生研学模式等，把短期集中体验活动和长期示范课程相结合，达到真正参与创设的情境，在实践中学习的效果。开展体验式安全教育活动的情况可以作为政府考核学校安全教育责任人的硬性指标之一。

二　统一规范，加快学校安全标准化与评估体系建设

（一）建立规范统一的校园安全风险评估标准和实施细则

当前，安全教育缺乏统一规范的标准细则，是学校和社区存在安全隐患的重要原因。学校安全保障工作重在细节、贵在经常，只有标准化、常态化，才能真安全、长安全。国家教育部在2006年公布了《中小学幼儿园安全管理办法》，2007年公布了《中小学公共安全教育指导纲要》，

2016年底国家教育部颁布了《中小学（幼儿园）安全工作专项督导暂行办法》，2017年公布了《关于加强中小学幼儿园安全风险防控体系建设的意见》等一系列文件。以上法规的发布，为校园安全管理指明了方向。同时，国家要求各地中小学校落实常规安全教育工作，积极开展"中小学生安全教育日"活动；要求各地各校与公安、司法、科协、交通、卫生防疫等部门共同构建学校安全教育的长效合作机制；向家长广泛宣传安全教育知识，开展丰富多彩的安全教育主题实践活动，将安全教育作为家庭教育指导的一项重要内容。然而，这些管理办法和条例并没有规定统一的校园安全风险评估标准和细则。此外，校园安全不同于其他安全评估。受生理条件限制，青少年儿童的认知水平较低，对危险意识不足，缺乏自我保护能力，对于心智和行为尚未成熟的未成年人，需要使用针对性更强的专业安全教育评估和考核认证标准。

（二）引入权威、科学、系统的校园安全评估认证体系

基于学校的安全风险评估和认证，需要从学校的安全保障硬件，安全保障软件以及教师、学生和行政后勤人员三个方面，全面细化安全目标评估考核办法。特别要把安全实践技能纳入师生安全管理考核范围，并对照风险评估和认证条例，每个学期逐一落实。因此，我们建议引入权威、科学、系统的安全评估认证体系，用统一的标准对中小学和幼儿园进行安全风险评估考核与认证。同时，以文件形式规定：中小学和幼儿园都必须按照统一的规范开展安全风险评估和认证。评估和认证的结果可作为各学校和社区安全责任人的考核和评奖指标之一。

（三）建立体验式安全教育的标准、规范及相关制度

目前有关体验式安全教育的标准、规范及相关制度尚未建立，学校体验式安全教育基本没有具体的评价方案。亟须加强政府引导，出台关于推进体验式应急安全教育的指导意见，联合多部门推动将体验式应急安全教育纳入中小学教育技术培训内容。强化考核督查，制定具体目标，考核实施细则，开展经常性、随机性、专题性督查，强化制度刚性，发现问题坚决处置、及时矫正。

三 统筹规划，合力构建完善的安全教育体系和常态化机制

（一）构建完善的校园安全教育与教学体系

应该立足高远，建立完善、权威的理论体系、课程体系和产品体系，并将课程活动的长效机制纳入整体教学规划。特别要把安全实践技能纳入师生安全管理考核范围，并对照风险评估和认证条例，每个学期逐一落实。因此，建议政府建设权威、科学、系统的安全教育教学体系。

（二）进一步完善中小学校园安全教育长效机制

常态化开展安全教育活动。教育部会同相关部门结合全国中小学学生安全教育日、"5·12"防灾减灾日、"11·9"消防日、"12·2"交通安全宣传日，委托有关机构组织开展全国中小学生安全知识网络竞赛公益活动；通过新闻、专题、专栏、晚会、公益广告等多种形式，宣传报道国家有关部门就保护未成年人安全出台的相关措施和取得的工作成果，深入解读相关热点新闻和典型案例，帮助青少年提高自我保护的意识和水平。同时，依托中国教育学会开展安全教育实验区建设，组织开展系列安全教育活动，推进学校安全教育常态化、科学化、标准化和信息化。

（三）建立学校和社区体验式安全教育联盟

中小学生学习和生活的空间特点，决定其安全教育必须统筹利用好学校和社区两个阵地，发挥好两个方面的积极作用，才能产生功能叠加效应。为了避免体验式安全教育顾此失彼，流于形式，保障安全教育实施效果，我们建议由政府主导，专业安全教育企业协助，成立学校及社区安全教育联盟，定期开展安全教育反馈与经验交流活动。合作的力量是无穷的，安全教育联盟的建立可以发挥群策群力的作用，在更大范围内推动全社会对青少年儿童安全教育的重视，促进青少年儿童安全教育工作科学高效发展。

四 整合资源，保障师资力量和教学资源专业高质

（一）加强学校安全教育教师队伍建设，建立专兼职安全教育老师制度

各校至少要设专职校园安全教育老师一名，负责每周为每个班上至少一节校园安全教育课程。如学校自身无法满足安排专职安全教育老师

的条件，需聘请专业公司协助，每周开展校园安全教育课程。

同时，各地各校要把安全教育作为教师继续教育重要内容，纳入培训计划，分层级开展教师培训工作。要对教育行政部门干部和学校职工进行本级培训、校本培训，不断提高教职工和干部开展安全教育的水平。

要制定激励政策，鼓励和引导班主任和其他学科教师投身安全教育，鼓励有条件的高校特别是师范类高校开设校园安全教育及管理相关二级学科、增设"安全教育"本专科目录外专业，鼓励在"教育学""教育技术学"等教育类专业中开设安全教育及管理专业，培养学校安全教育和监管的专兼职教师及管理人员。实现学校教职工和管理人员的专业性，通过一定时间，实现所有校园教职工和安全管理人员安全教育学习和认证，即学校主要安全责任人学习和认证通过率达到100%；班主任学习和认证通过率达到100%；教职工安全学习和认证通过率达到100%。并设立教师资格证前置审批，取得安全教育学习和认证资格方可申报教师资格证。

（二）将中小学生安全教育内容纳入课程标准，按年级开发建设系列教材

教育部将中小学生安全教育内容纳入课程标准中，鼓励结合地方课程和校本课程，开发中小学安全教育课程，加强学生自我保护意识。并要求各校在相关课程标准中，融入安全教育知识。教育部联合公安部等相关部门和专业人士联合开发《中小学公共安全教育知识读本》《春夏秋冬话安全》等与安全教育相关的图书和视频资源，开通全国中小学安全教育网、国家教育资源公共服务平台及中小学学生安全教育频道。

因此，要加强安全教育课堂教学研究和教学资源建设，分别针对中小学生编写一套校园安全教育的教材，并纳入教学考核计划之中，计入相应的学分。其中，小学和初中应将其纳入考试科目之中，在中考中也应将其作为一门考试科目，依具体情况将科目总分设置为10—50分不等。另外，积极开发安全教育的软件、图文资料、教学课件、音像制品、教具等教学资源，补充和完善相关课程及消防、交通、地质灾害等教学与培训的课件、PPT等安全课程相关材料，供各地各校、教师、学生和家长免费下载使用。重视和加强安全教育信息网络资源的建设和共

享，搭建全体教师共享的安全教育网络资源交流平台，促进安全教育教师学习交流。

（三）加强学校安全教育教学研究，开展安全教育资源和内容建设活动

可加强学校安全教育教学研究活动，成立安全教育研究（室、组），加强安全教研活动和课题研究，把安全教育研究列入当地课题研究规划，保证经费，及时总结、交流和推广研究成果。各学校要充分调动教师的积极性，有针对性地开展安全教育的校本研究。凡进入中小学校的安全教育自助读本或相关教育材料必须按有关规定，经审定后方可使用。各地各校应根据本地实际情况，采用多种方式解决安全教育自助读本或者相关教育材料的购买和补充问题，不得向学生收费增加学生负担。另外，还需要开展丰富多彩的安全教育资源和内容建设活动，形成网络、视频、教材、辅助资料等多样的安全教育资源库，形成测评系统和能力评估系统等。

第 四 章

高校实验室安全的调查与分析

实验室是高校科研、教学实践的主要基地，实验室安全也是校园安全的重点部分。近年来，随着高等教育规模逐渐扩大，高校实验室的数量迅速增加，高校实验室安全风险的防控压力也随之增加。实验室涉及多种危险因素，如易燃易爆炸的危化物品、有毒有害的放射性元素、高危的电气操作设备等，这些因素给实验室安全管理带来极大的挑战。为了更好地应对可能出现的实验室安全风险，2015年起，教育部启动全国高校科研实验室安全检查，该项工作极大地促进了高校实验室建设及管理水平的提升。2019年6月4日，教育部印发《关于加强高校实验室安全工作的意见》，要求各地各校深入贯彻落实党中央、国务院关于安全工作的系列重要指示和部署，深刻吸取事故教训，切实增强高校实验室安全管理能力，保障校园安全稳定。在政府的要求及政策的指导下，各大高校也纷纷加强了实验室安全培训与安全检查。

但令人遗憾的是，各类实验室事故依然频发。据一项不完全统计，从2000年至2020年，我国高校发生了113起实验室安全事故，造成99人次伤亡。[①] 高校实验室安全事故给师生带来了严重的身心伤害，给高校带来了巨大的财产损失，在社会上造成了严重的负面影响，实验室安全不仅仅是个体需要关注的话题，也已成为高校乃至整个社会必须重视的问题。

---

① 澎湃网：《20年113起事故、99人次伤亡，如何保障高校实验室安全？》(https：//www.thepaper.cn/newsDetail_forward_15927951)。

第一节　高校实验室安全概述

一　高校实验室安全事件总结

（一）2013—2022 年高校实验室事故基本情况

我们统计了 2013 年至 2022 年十年间全国高等院校实验室发生的 16 起实验室安全典型事故。图 4-1 为 2013 年至 2022 年我国高校实验室事故总体情况分布图。

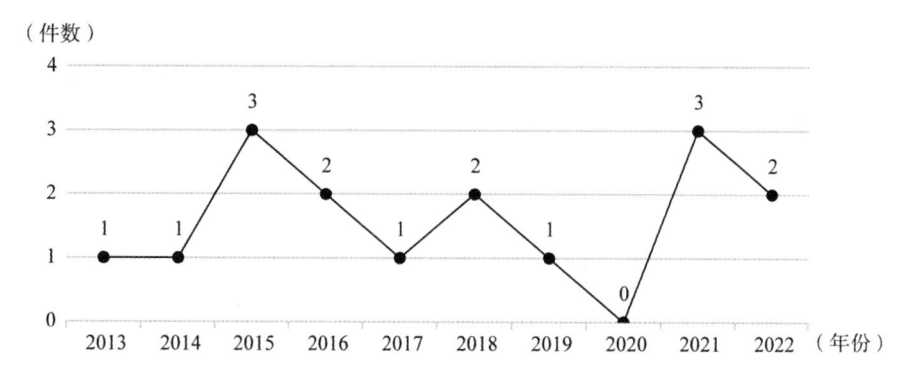

图 4-1　2013—2022 年我国高校实验室事故总体情况

（二）事故发生季度分析

各季度事故起数如图 4-2 所示，16 起事故中，发生在第四季度的最多，共 6 起；其次为第二季度，发生了 5 起。第一季度与第三季度的事故数量相对较少，分别为 3 起与 2 起。从季度特征上看，第二季度与第四季度是高校实验室安全事故的高发期。其可能原因是第二季度与第四季度为开学季，在实验室开展实验的学生较多，实验室安全事故发生的概率也随之增加。而第一季度与第三季度主要是 1 月与 2 月的寒假以及 7、8 月的暑假，在校学生较少，实验减少，事故发生概率随之降低。

（三）事故伤亡情况分析

对十年间 16 起事故进行分析可以发现，有人员受伤的事故占到总体事故的 75%。其中有人员受伤、无人员死亡的事故为 5 起，占到总体事故的 31.25%；造成一人死亡的事故为 5 起，占到总体事故的 31.25%；

(件数)

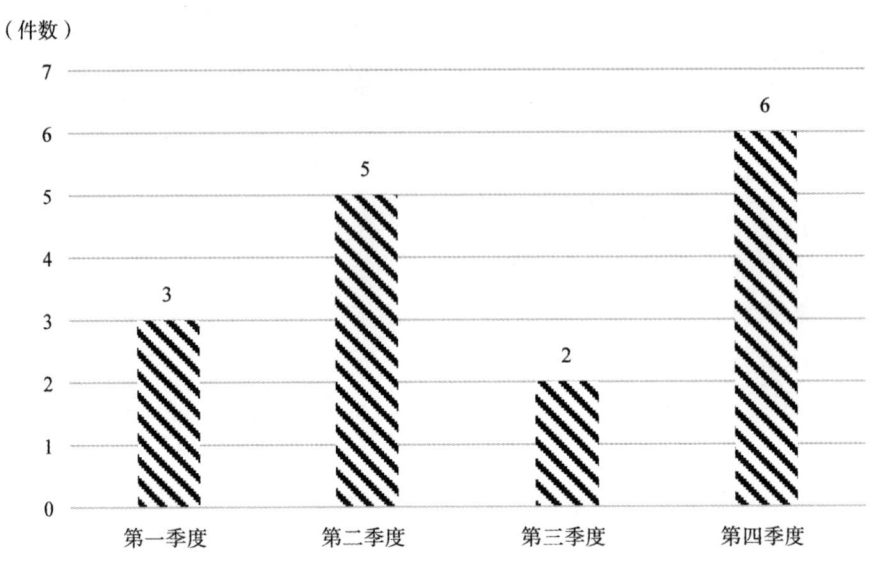

图 4-2　各季度事故起数

造成两人以上死亡的事故为 2 起，占到总体的 12.50%。可见，高校实验室安全事故后果严重，一旦发生，轻则人员受伤，重则人员死亡，未造成人员伤亡的事故只占到事故总体的四分之一。事故伤亡情况如图 4-3 所示。

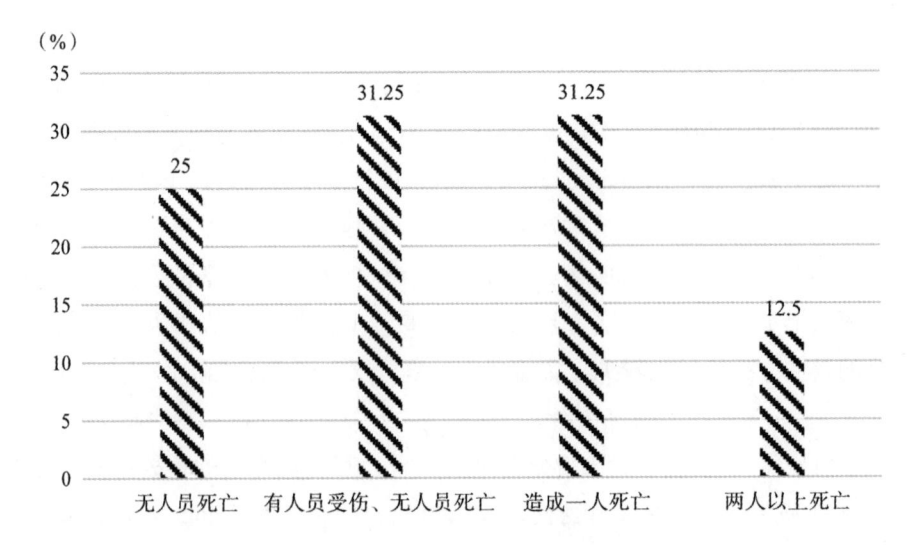

图 4-3　各类事故伤亡情况

(四) 事故原因分析

导致事故发生的直接原因有人的不安全行为与物的不安全状态。实验室中人的不安全行为主要包括违反操作流程、操作不慎等，可统称为"操作不规范"。物的不安全状态主要包括设备仪器故障、设施或物品管理不合理。其中，设施或物品管理不合理包括实验室改造不合理、化学物品存放不合理、废弃物处置不规范等。

对 16 起实验室事故发生的直接原因进行分析发现，操作不规范是造成实验室安全事故的主要原因，共 7 起，占比 43.75%；其次是设施或物品管理不当，共有 6 起，占比 37.50%。仪器设备故障造成的实验室安全事故较少，占比 18.75%。事故原因占比情况如图 4-4 所示。由此可知，实验人员的规范性行为是保障实验室安全的基本条件，因此各大高校要加强实验室安全培训，提升师生的安全能力。

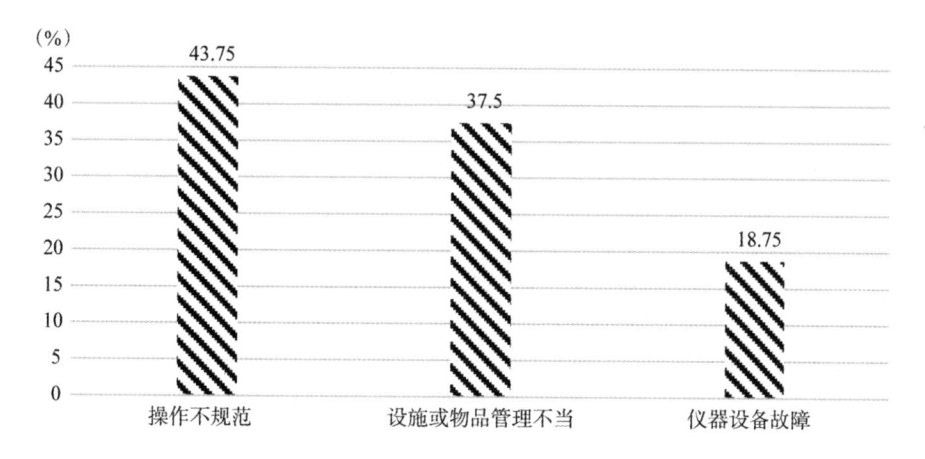

图 4-4 各类事故原因所占比例

二 高校实验室安全事件特征

经过分析可以发现，高校实验室安全事件主要有以下特征。

(一) 隐患潜伏性

实验室安全隐患可能会在事故发生之前潜伏很长时间。例如，实验室内部通风系统可能在使用多年后出现故障，导致实验室部分有害气体无法有效排出，但在事故发生前并未引起关注；实验室由于修建时间长从而出现电路老化引发电路起火，但是由于缺少安全检查而未暴露。这种由于设备老化造成的设备仪器故障往往不易被发现，但是带来的安全隐患极大，也极易导致事故的发生。2019年12月，南京一所大学的实验室发生严重火灾事故，当时在实验室进行实验操作的一名研究生不幸身亡。事故发生后，学校调查发现造成这次火灾的元凶竟然是实验室的电路老化引发的电路起火，火花进一步引燃了实验室易燃易爆的化学物质，从而扩大了火势，最终导致悲剧的发生。因此，定期对实验室设施进行安全评估，对潜在安全隐患进行排查和整改，对于保障实验室安全具有重要意义。

（二）致因多样性

实验室安全事故的发生往往涉及多个原因，如实验人员的操作规范问题、设备仪器故障、危化物品管理问题等。根据统计可发现，实验人员的操作规范问题是引发高校安全事故中的主要原因，而且绝大部分都是由学生造成的。这可能是因为学生的专业知识与专业素养不够、安全意识不强、操作技能不熟练，因此更容易导致事故的发生。高校应加强对实验人员的安全培训，包括实验操作规程、化学品管理、个人防护知识等。同时，设备仪器故障与危化物品管理不当也是造成实验室事故发生的主要原因，仪器设备与化学物品都是实验人员进行实验操作的工具，工具的问题必然会导致事故的发生。因此，定期进行实验室安全检查，定期查验实验室危化物品，设置安全预警系统，制定应急预案等措施，也有助于降低事故发生的风险。

（三）后果严重性

实验室安全事件不仅会造成人员的伤亡与财产的损失，也会给生态环境与社会环境带来严重的后果。有学者统计了1997—2016年全国高等院校实验室发生的112起实验室典型事故，共造成12人死亡、84人中毒或受伤。[①] 2015年4月5日，江苏一所大学实验室发生一起安全事故，该起事故共导致1人死亡5人受伤，据校方统计，造成了200万元的直接财产损失。高校实验室事故影响范围可能延伸至校园周边社区、周边环境，实验室化学品泄漏可能破坏土壤和水源，实验室火灾燃烧的物质可能会

---

① 贺蕾等：《112起高校实验室事故分析统计与防控对策研究》，《中国公共安全》（学术版）2017年第2期。

污染周边的空气，进而影响周边生态环境。此外，高校实验室安全事故也会给高校舆情带来一定的压力，如 2022 年 4 月 20 日，湖南一所大学材料与工程学院一名博士研究生在进行实验操作时不慎被烧伤。消息爆出后，在微博、知乎、微信等多个社交网络平台掀起舆论风波，对事故经过、原因进行各种猜测。在校方发布了伤情通报后，网络平台上"怀疑"的声音仍然没有停息，甚至一度有网民到该校的官方媒体号进行谩骂、嘲讽，给校方带来了负面的社会舆情。

第二节 高校实验室安全事故典型案例分析

针对上述统计的高校实验室安全事故，我们依据事故后果的严重性程度分别选取了"Q 大学化学系实验室爆炸火灾事故""B 大学实验室爆炸事故"以及"N 大学实验室燃爆事故"三起典型案例进行概述与分析。

一 Q 大学化学系实验室爆炸火灾事故[1]

（一）案例背景

设备故障是引发实验室事故的重要原因。有学者统计了 2010—2020 年发生的高校实验室安全事故，发现由于实验设备出现故障导致的安全事件在所有事件中占比 14%。[2] 也有学者收集了 1996—2016 年发生的 112 起实验室安全事故，分析直接原因后发现，设备老化导致的高校实验室事故高达 34 起，是导致高校实验室安全事故发生的主要原因。2015 年发生在 Q 大学化学系的一起惨痛事故正是由氢气实验中氢气钢瓶含量不纯导致的。

（二）案例主体

2015 年 12 月 18 日上午，Q 大学化学系二楼实验室发生火灾事故，火灾蔓延至三间房屋，过火面积达 80 平方米。该校师生发现火情后第一时间组织撤离并报警，消防车及救护车紧急赶到现场进行处置。事故发

---

[1] 搜狗百科：《12·18 Q 大学何添楼爆炸事件》（https：//baike.sogou.com/v139039234.htm?）。

[2] 李垚栋：《2010—2020 年高校实验室事故统计分析及对策研究》，《黑龙江科学》2022 年第 1 期。

生后，Q大学官方微博第一时间发布相关消息，火灾事故现场有一博士后实验人员死亡。

该校一学生回忆，上午10:30左右，当时他正在化学实验室2楼楼梯间，面对发生爆炸的实验室，听到爆炸声，看到烟雾后，他马上撤离了现场。一名化学系的教师回忆，事故发生时他在化学系楼里，听到了非常沉闷的物体着地声。同时该校学生在网络平台上透露了事故发生的具体情景："大概十点多一点，我出去上体育课，烧了十几分钟已经烧了三层了，听说是化学药品爆炸，来了五辆消防车。"对于造成事故的原因，化学系一研究生猜测是叔丁基锂爆炸导致的事故。叔丁基锂为一种高度易燃的有机锂化合物，遇到空气与水便会自燃，对存储要求极高，一般放在氮气中保存。该学生推测是当事人不小心把叔丁基锂掉到了地上，由于缺乏相关护具，因此没有来得及应对该危化品带来的严重后果。

2016年1月6日，爆炸和高压气体专家调查组在调查报告中指出，事故发生的原因是该实验室存放的氢气钢瓶被气体公司误填充了4%氧气，在周围静电的影响下引发氢气爆炸，爆炸产生的强冲击波引燃了实验室易燃物质叔丁基锂。冲击波将当事人M博士击倒，来不及第一时间自救，最终导致惨案的发生。据相关媒体报道，钢瓶厚度为一厘米，长度为一米，爆炸点发生在钢瓶底部，当时爆炸点距离实验操作台两三米处。钢瓶爆炸后只剩上半部大概四十公分，下半部全部被炸毁，爆炸威力巨大。

(三) 案例分析

这是一起典型的由于仪器设备故障导致的实验室安全事件，造成了巨大的人员伤亡和财产损失，引起了社会的广泛思考与关注。若实验器具供应商能够保证设备质量，或若实验室的安全检测能够检查出设备的问题，这起悲剧本可以不发生。

实验仪器设备是实验室中的重要工具，一旦出现问题或故障，便会造成不可挽回的后果。所以为了防范类似事故再次发生，应当高度重视实验室安全管理工作，对实验室安全管理制度和规范进行全面排查和升级，加强实验室安全仪器的检测、维护和更新，确保设备的正常运行和使用安全。同时，还应落实好各项安全措施，核实好仪器设备质量。只有将实验室设备仪器安全放在极其重要的位置，才能最大限度地避免类似安全事故的发生。

二　B 大学实验室爆炸事故①

（一）案例背景

"人的不安全行为"是引发事故的主要原因。实验室操作过程中涉及较多的危化物品，操作不当极易产生爆炸、火灾等事故，给高校师生带来不可磨灭的伤痛。有学者对高校 100 起典型实验室事故进行分析发现，因违反操作规程和操作不当造成的人员伤亡接近 80%。② 部分实验人员对实验流程不熟悉、理论掌握不扎实、实验理解不到位，便开始进行实验，容易产生"冒险实验""大胆创新"的想法，不按照相关流程与规范操作，按照自己的想法操作，希望通过化学物品的"灵活配置"找到研究的创新点，如此，轻则得到错误的实验结果，重则导致人员的伤亡。2018 年 12 月发生在 B 大学的一起实验室爆炸案便是由实验人员操作不当引起事故的典型案例。

（二）案例主体

2018 年 12 月 26 日 9 时 34 分，B 大学东校区 2 号楼实验室发生一起严重火灾事故。消防部门接警后，立即调派 8 个消防中队、30 部消防车赶赴事故现场处置。与此同时，市公安、应急管理、教育、卫生等部门以及该校所在区政府也在第一时间赶赴现场开展救援和应急处置工作。当天 10 时 20 分，火情得到控制。据媒体报道，11 时北京 120 急救中心在现场发现有尸体。事故发生后，B 大学通过微信公众号发布通报，通报称该事故已造成三名参与实验的学生死亡，三名学生所在的学院官方网页变成灰色调，首页显示"沉痛哀悼×××专业三名遇难学生"。

悲剧的发生引起社会的广泛关注与政府的高度重视。2018 年 12 月 26 日，当地应急管理局、市公安局、市消防总队成立联合调查组，对事故原因进行调查。2019 年 2 月 13 日，事故调查组最终查明了事故发生的经过和原因，认定该起事故是一起安全责任事故，其直接原因为：实验人员在使用搅拌机对镁粉和磷酸搅拌反应过程中，料斗内产生的氢气被搅

---

① 百度百科：《12·26 B 大学实验室爆炸事故》（https：//baike. sogou. com/v178963585. htm？）。

② 徐彭：《高校实验室安全管理存在的问题及对策》，《西部素质教育》2022 年第 22 期。

拌机转轴处金属摩擦碰撞产生的火花点燃爆炸，继而引发镁粉粉尘云爆炸，爆炸引起周边镁粉和其他可燃物燃烧，从而造成现场3名学生死亡。同时事故调查组认定，B大学有关人员存在违规开展试验、冒险作业、违规购买、违法储存危险化学品、对实验室和科研项目安全管理不到位等一系列问题。依据事故调查的结论，公安机关对事发科研项目负责人李某某和事发实验室管理人员张某依法立案侦查，追究刑事责任。教育部与该所大学研究决定，对学校党委书记曹某某、校长宁某、副校长关某某等12名干部及涉事学院党委进行问责，分别给予党纪政纪处分。

事故发生后，国务院安委会办公室召开了高等学校实验室安全管理工作视频会议，要求深刻吸取B大学"12·26"较大事故教训，进一步推动高校实验室安全管理责任落实。

（三）案例分析

这起事件说明高校实验室存在实验人员违规操作问题，也反映出高校实验室管理存在着安全管理制度不健全、安全监管薄弱、安全防范意识不强、安全教育培训不足等问题，直接导致了生活、学习在安全氛围相对欠缺环境中的师生们缺少该有的"规则意识"。对此，高校师生应当形成高度安全规范意识，将实验规范操作视为自身生命的保障，树立正确的实验室安全观，不为所谓的"创新点"突破安全底线进行实验，拒绝不规范实验，将安全贯彻到实验的每一个环节。更重要的是，师生们要对实验室情况、实验室各种危化品、仪器的操作程序、实验室安全和设备管理规定、各种紧急情况的处理烂熟于心，以降低事故发生的可能性。

三　N大学实验室燃爆事故[①]

（一）案例背景

化学物品与实验室安全有着密切的关系。在实验室中，化学物品的储存、使用和处理是实验室操作的重要一环，与实验室安全息息相关。实验当中采用的化学物品通常具有较高的毒性、腐蚀性、易燃性等危险

[①] 搜狗百科：《10·24 N大学实验室爆燃事故》（https：//baike. sogou. com/v208397782. htm?）。

性质，如果管理、存储或使用不当极易引发化学反应，导致爆炸、自燃、泄漏等事故，同时化学物品的爆炸还会产生大量的毒性气体和有害物质，会严重危及实验人员的生命安全和健康，甚至会对周围环境产生严重的污染和影响。安宇等人对2001—2021年发生的126起高校实验室事故进行统计分析发现，由于化学物品存储不规范导致的事故共有13起，[①] 且化学物品燃爆发生的事故后果往往十分严重，轻则有人员受伤，重则有人员死亡。

（二）案例主体

2021年10月24日下午5时25分，N大学实验室发生了一起燃爆事故。该实验室位于一个独立的实验楼内，主要用于进行航空航天、动力与能源等领域的科研实验。爆炸发生时，该实验室正在开展一项涉及聚合物材料的研究。相关媒体称事故原因可能与镁铝粉爆燃有关，镁铝粉遇到水，迅速发热从而引发爆炸，并形成二次爆炸。而至于铝镁粉为什么会发生爆炸，有人推测是由于该类物品的管理存储不当导致的。

根据现场曝光的照片，教学楼上空升腾起一团白色的蘑菇云，发生爆燃的实验室内传出阵阵火光。有目击同学表示事发时她正在该实验室隔壁教学楼，属于同一楼层，一共听到了三次爆炸响声，第二次爆响声后，同学们才陆陆续续开始逃生。另有目击者称爆炸声如同"楼塌了"，现场浓烟铺天盖地。有人看到一些同学从楼里跑出来的时候，手里还抱着笔记本电脑。另有目击同学称，救护车一共来了三趟，拉走了三车人。根据官方通报，此次事故造成了2人死亡、9人受伤（其中2人重伤）。

（三）案例分析

案例表明化学物品的管理对于实验室安全十分重要。实验室内使用的化学品种类繁多，包括有机化学品、无机化学品等，形态有气体、液体、固体等。实验室中常用的化学试剂，如叠氮化物、过氧化物、高氯酸、高压气体瓶等，通常具有较高的危险性，若不加以妥善处理或使用不当，一旦发生泄漏、自燃或爆炸，便会给人身安全、实验室财产带来难以估量的损失。因此，实验室安全管理人员和科研人员必须高度重视化学物品的安全管理，加强对化学物品的储存、运输和使用，确保实验

[①] 安宇等：《高校实验室事故致因分析与安全管理研究》，《安全》2022年第8期。

室安全和人身安全。如实验室中所有的化学品都应标明名称、性质、危险性等信息并妥善存放；不同种类的化学品应分别存放，并严格遵守相关规定；实验室内应配备必要的防护设施，如化学品柜、通风设施等；应制定详细的操作标准，在进行化学实验时应按照标准程序操作。

此外，在该事件中，二次爆炸发生后，学生才开始陆陆续续地逃生，甚至有学生折返事发点拿回电脑。这说明学生的应急响应能力有待提高，也说明学校的安全教育有待进一步加强。对此，学校应该秉持安全第一、生命优先的教育理念，使学生充分认识到安全的重要性，定期开展安全培训与演练，增加逃生知识与技能，提升学生的应急响应能力。

第三节　高校实验室安全行为现状

一　问卷调查样本基本情况

为了进一步了解高校实验室安全管理现状以及高校学生的安全行为情况，我们围绕学校实验室安全管理行为、学生安全能力、学生安全动机以及学生安全行为四个维度设计了调查问卷。问卷采用了李克特五分量表，主要以高校学生为调查对象。在问卷星平台上发放问卷，通过QQ、微信等方式邀请各高校的学生进行填写，通过人际关系进行扩散和传播。调查结束后，共回收901份问卷，回收率100%。针对回收问卷，按照三个标准对其进行筛选：第一，作答时间是否短于两分钟；第二，作答结果是否存在逻辑错误；第三，是否存在所有作答结果完全相同的问卷。筛选后剔除了401份无效问卷，共得到有效问卷500份，问卷有效率达55%。

调查对象中男女比例结构合理，其中男生占总调查人数的50.40%，女生占总调查人数的49.60%。在学历层次上以本科生为主，占总人数的69.20%，其中大一学生占比为19.0%，大二学生占比为25.40%，大三学生占比为17.20%，大四学生占比为7.60%；硕士研究生与博士研究生占比分别为23.00%与7.80%。调查对象的学校类型涵盖了一般本科院校、双一流院校（非211、985）、"211"院校、"985"院校以及境外院校（含中国港、澳、台地区院校），其中"985"院校，占据总调查人数的44.00%；"211"院校占比为0.60%；双一流院校占比为5.20%；一般本科院校占比为48.60%，在调查样本中占比最多；境外院校（含中国港、澳、台地区院校）占比为0.20%。调查的学科类型涵盖了所有的可能需要实验室操作的理工科类专业，化学与制药类专业占据了总调查人数的一半，占比为50.20%；其次为材料类专业，占比7.20%；电子信息类专业占比6.80%。调查对象的基本信息描述性统计如表4-1所示。

表4-1　　　　　　　　调查对象基本信息统计表

个体特征	选项	频率（人）	百分比（%）	个体特征	选项	频率（人）	百分比（%）
性别	男	252	50.40	学科类型	电子信息类	34	6.80
	女	248	49.60		土木类	27	5.40
学历层次	大一	95	19.00		计算机类	22	4.40
	大二	127	25.40		自动化类	15	3.00
	大三	86	17.20		力学类	14	2.80
	大四	38	7.60		机械类	14	2.80
	硕士研究生	115	23.00		安全科学与工程类	11	2.20
	博士研究生	39	7.80		能源动力类	8	1.60
学校类型	职业院校	7	1.40		电气类	7	1.40
	一般本科院校	243	48.60		建筑类	7	1.40
	双一流院校（非"211"、非"985"）	26	5.20		仪器类	4	0.80
	"211"院校	3	0.60		矿业类	4	0.80
	"985"院校	220	44.00		生物工程类	2	0.40
	境外院校（含港澳台地区院校）	1	0.20		水利类	1	0.20
学科类型	化工与制药类	251	50.20		农业工程类	1	0.20
	生物医学工程类	40	8.00		环境科学与工程类	1	0.20
	材料类	36	7.20		公安技术类	1	0.20

二　学校实验室安全管理行为分析

（一）实验室指导老师安全管理行为分析

对实验室指导老师安全管理行为的考察主要通过学生对指导老师安

全行为的评价进行,"1—5"分别代表从"非常同意"到"非常不同意"的认同程度。量表主要包括指导老师严格监督学生的行为、指导老师严格要求学生遵守实验室安全制度、指导老师以身作则遵守实验室安全程序与制度三个题项,数据结果情况如图4-5所示。

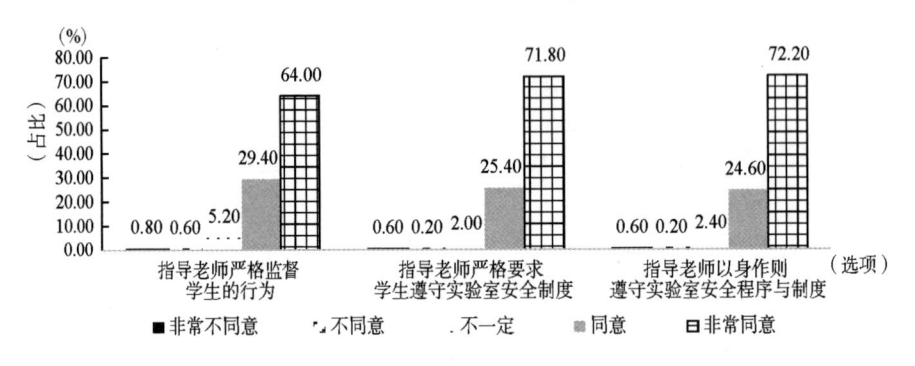

图4-5 实验室指导老师安全管理行为现状

1. 指导老师严格监督学生的行为

考察指导老师对学生的监督行为这一题项均值为4.552,标准差为0.696,中位数为5,可见实验室指导老师平时对学生实验室安全操作与规范的要求较为严格。在该题项中,64.00%的被调查对象非常同意指导老师严格监督了其在实验室的安全行为,29.40%的被调查对象同意指导老师经常在实验室对学生安全行为进行监督。只有1.4%的被调查对象认为指导老师没有履行好监管的职责,其中0.80%的被调查对象非常不同意指导老师经常在实验室对学生安全行为进行监督,0.60%的被调查对象则不同意指导老师能够做到经常对学生进行安全行为的监督,5.20%的被调查对象对此保持中立态度。

2. 指导老师严格要求学生遵守实验室安全制度

考察指导老师是否严格要求学生遵守实验室安全制度这一题项中,均值为4.676,标准差为0.586,中位数为5,整体来看指导老师对学生在实验室进行安全操作过程中要求比较严格。其中71.80%的被调查对象非常同意这一点,25.40%的被调查对象同意该选项;仅仅只有0.60%的被调查对象非常不同意,0.20%的被调查对象不同意;2.00%的被调查对象持中立态度。这说明学生在实验室操作时,绝大部分指导老师能够做到时时督导、对学生严格要求。

3. 指导老师以身作则遵守实验室安全程序与制度

从指导老师在实验室操作过程中的以身作则程度来看,该题项的均值为4.676,标准差为0.593,中位数为5,可见绝大部分指导老师不仅会严格要求学生遵守相关规则,还会自己带头向学生示范正确的操作规范。72.20%的被调查对象非常同意这一观点,只有0.60%的被调查对象非常不同意这一观点。

(二)学校实验安全管理分析

对实验室安全管理情况的测评主要集中在学校针对实验室展开的安全培训以及学生对其有效程度的评价。其中,对安全培训有效程度的考察主要集中在对学生安全操作能力与应急响应能力两方面。数据结果如图4-6所示。

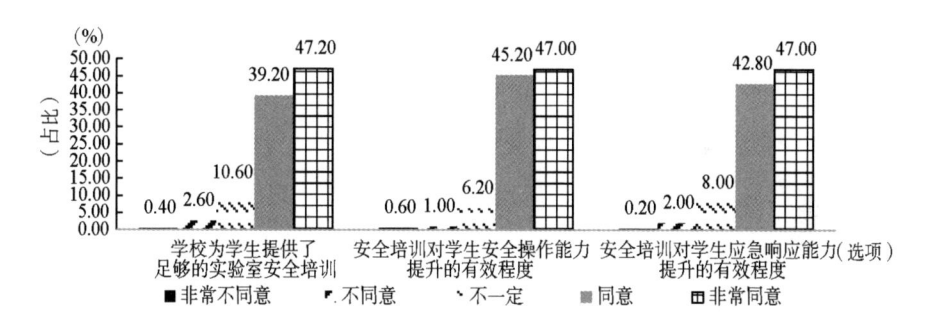

图4-6 学校实验室安全管理现状分析

1. 学校实验室安全培训情况分析

学校实验室安全培训现状主要通过学校是否为学生提供了足够的实验室安全培训这一题项考察,经过分析可知该题项的均值为4.302,标准差为0.792,中位数为4。47.20%的被调查对象持非常同意态度,39.20%的被调查对象持同意态度,这反映学校针对学生展开的实验室安全培训整体表现较好,能够为学生提供基本的安全培训,但是依然存在继续加强的空间。

2. 安全培训有效程度分析

从安全培训有效程度来看，问卷分别考察了安全培训对学生安全操作能力与应急响应能力提升的有效程度。其中安全培训时学生安全操作能力提升的有效程度，均值为 4.37，标准差为 0.7，中位数为 4，有 47.00% 的被调查对象认为安全培训对学生安全操作能力的提升起到了非常显著的作用，45.20% 的被调查对象认为安全培训对学生安全操作能力的提升较为有效。这说明安全培训对于提升学生安全操作能力非常关键且必不可少。

安全培训对学生应急响应能力提升的有效程度，均值为 4.344，标准差为 0.729，中位数为 4，有 47.00% 的被调查对象认为安全培训对学生应急响应能力的提高非常有效，42.80% 的被调查对象认为安全培训对个体应急响应能力的提高有效。这从侧面反映了学校开展安全培训能够有效提高学生的事故处理能力，从而可以进一步减少事故严重化的风险。通过两个题项的考察，我们可以发现学校开展安全培训对于提高学生实验室安全素养与能力、减少事故发生可能性有着非常关键的作用。

三　学生实验室安全能力分析

对于学生实验室安全能力情况的考察，问卷主要设置了安全知识与安全技能两个维度。

（一）学生安全知识分析

对学生安全知识的考察主要包括学生对实验室风险点与风险因素的了解、对实验仪器设备安全操作规范的熟练程度以及各项安全管理制度的熟悉程度。从学生对实验室安全的风险认知角度来看，有 31.20% 的被调查对象认为自己非常了解实验室潜在的风险点与风险因素，46.60% 的被调查对象认为自己了解实验室的风险点与风险因素，说明大部分学生能够清楚地认识到由于操作不规范、意外处理不及时等问题可能带来的风险因素。学生对实验室风险点和风险因素的了解情况如图 4-7 所示。

从学生对实验仪器设备安全操作规范的熟练程度来看，只有 23.20% 的被调查对象认为自己非常熟练，52.60% 的被调查对象认为自己熟练，

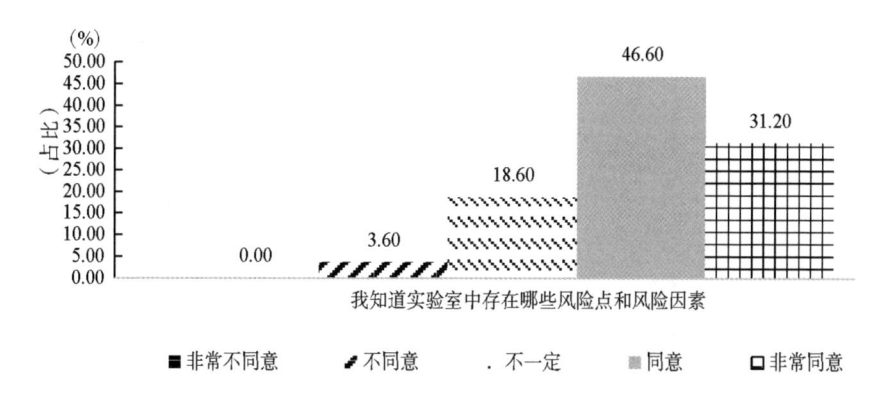

图 4-7 学生对实验室中存在哪些风险点和风险因素了解情况的分析

仍有 3.60% 的被调查对象认为自己不熟练，这说明学生能够将仪器设备的操作流程、关键要素牢记在心。从学生对各类安全管理制度的熟悉程度来看，只有 26.60% 的被调查对象认为自己非常熟悉，大多数被调查对象认为自己处于熟悉的水平，占到了被调查对象总数的 53.40%。总体来看，安全知识总体均值 4.007，中位数为 4，标准差为 0.682，学生的安全知识处于中等水平且得分分布均匀。学生对实验仪器设备的安全操作规范的熟练程度以及对各项实验安全管理制度的熟悉程度如图 4-8 所示。

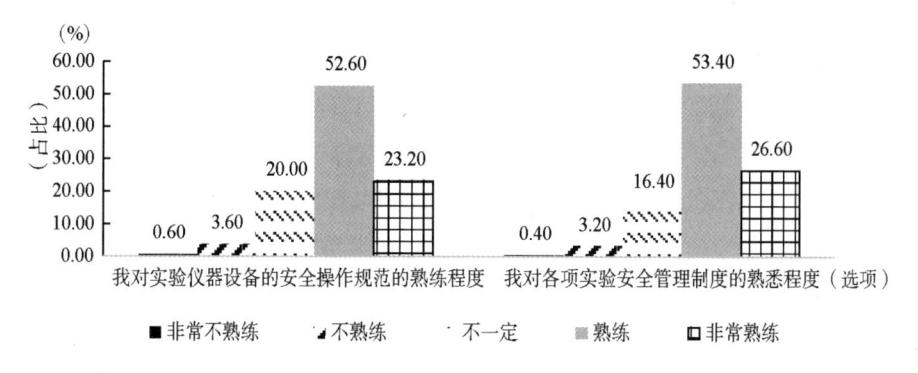

图 4-8 学生对实验仪器设备安全操作规范的熟练程度以及对安全管理制度的熟悉程度分析

（二）学生安全技能分析

对学生安全技能的考察主要通过学生使用安全设施的熟练程度、使用和处理实验室中的危险物质和物品的熟练程度、对处理实验室中危险情况的能力评价三个题项进行。首先，从学生使用安全设施的熟练程度来看，只有18.80%的被调查对象认为自己非常熟练，45.00%的被调查对象认为自己处于熟练的水平，甚至有将近30.00%的被调查对象对能否熟练使用安全设备的认知持有模棱两可的态度，无法正确评估自身对设备仪器的熟练程度，数据说明学生的安全操作能力亟待提高。对使用和处理实验室中的危险物质与物品的熟练程度的评估情况也验证了这一点，只有17.60%的被调查对象认为自己能够非常熟练地使用和处理实验过程中产生的危险物质与物品，47.40%的被调查对象认为自己能够熟练使用和处理这些情况，有27.80%的被调查对象无法正确评估自身能否熟练地使用和处理实验室中的危险物质与物品，甚至有部分学生认为自己对其完全不熟悉。如图4-9所示。

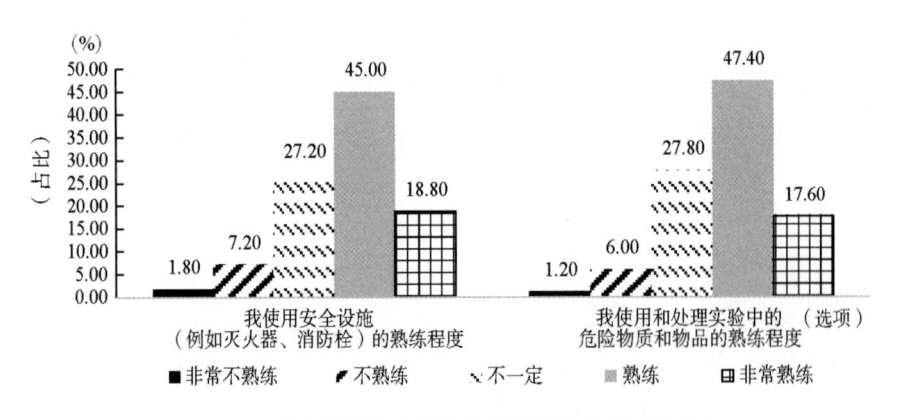

图4-9 学生使用安全设施以及使用和处理实验室中危险物质和物品的熟练程度

使用安全设施与使用和处理危险物质和物品的熟练程度会进一步影响自身对处理危急情况的能力评价，在这一题项中，13.80%的被调查对象认为自己这一方面的能力非常强，45.20%的被调查对象认为自己处于较强的水平，34.60%的被调查对象无法准确评估自身的能力，与前两个题项的分布情况大体相似，这反映出学生的实验室危机处理与响应能力也有待提高。对处理实验室中危险情况的自我能力评价如图 4-10 所示。

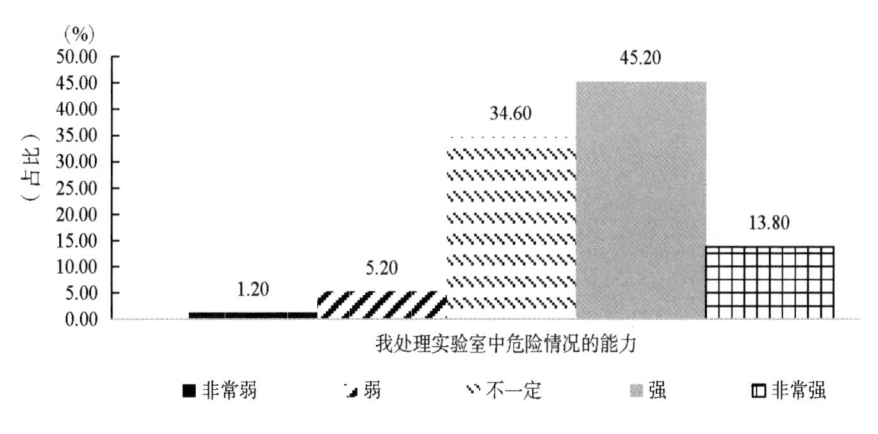

图 4-10 学生对处理危险情况的自我能力评价

整体来看，学生掌握安全技能的现状远不如学生掌握安全知识的现状，安全技能总体均值为 3.704，中位数为 4，标准差为 0.778，对其进行进一步分析可以发现两个问题：（1）学生具有较为丰富的实验室安全知识。考察安全知识的题项是安全能力维度中的最高得分选项，为 4.054。（2）学生安全技能欠缺，缺少应对能力。考察安全技能的题项是安全能力维度中的最低得分选项，仅有 3.652。尽管学生拥有较丰富的安全知识，能够察觉到潜在的不安全因素，但是无法有效应对意外状况，说明学生处理实验室危险情况的能力需要进一步提高。

四 学生实验室安全动机分析

这一部分主要通过内在安全动机与外在安全动机两个方面进行考察。

（一）内在安全动机

对内在安全动机的考察主要通过安全感、责任感、成就感三个题项进行。整体来看，内在安全动机总体均值为 4.565，中位数为 5，标准差为 0.533，表明内在安全动机处于较高水平且得分分布均匀。首先，从安全感的角度来看，该题项的平均值为 4.532，标准差为 0.611，中位数为 5。从百分比来看，一半以上的被调查对象非常同意遵守实验室安全制度能给自己更多的安全感，只有 0.20% 的被调查对象以及 0.40% 的被调查对象非常不同意以及不同意这一观点。在考查学生遵守实验室安全规则、维系实验室安全是否来源于责任感这一题项中，有65.80%的被调查对象认为维系实验室安全是个人的责任，该题项的平均值为4.624，标准差为0.576，中位数为5。最后，从成就感的角度来看，58.20%的被调查对象非常同意发挥自己的能力保持实验室安全状态以及有效处理险情能让自己更有成就感，38.80%的被调查对象同意这一观点，仅仅只有0.60%与0.20%的被调查对象非常不同意以及不同意这一观点。该题项的平均值为4.538，标准差为0.614，中位数为5。总体来看，学生的内在安全动机处于较高的水平，具体情况如图4-11所示。

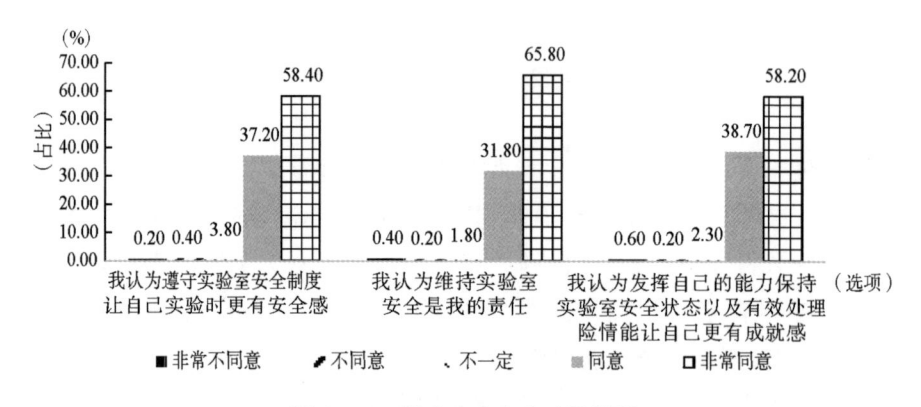

图4-11　学生内在安全动机情况

（二）外在安全动机

外在安全动机总体均值为4.593，中位数为5，标准差为0.527，表明外在安全动机处于较高水平且得分分布均匀。在该维度中，一共有三个题项。首先，在考查学生是否是为了保证自己及他人的人身安全而保持实验室安全这一题项中，61.60%的被调查对象非常同意这一选项，这反映了学生对自身以及周围人安全的关注。其次，在问及严格遵守实验室安全管理制度是否是为了获得老师和实验室其他同学的肯定时，相对于第一个题项，该题项中选择非常同意的被调查对象只有48.80%。而在考查学生努力保持实验室安全是否是为了避免事故发生时，有62.60%的被调查对象选择了非常同意。通过三组数据的对比，我们可以发现保持自身的人身安全以及避免事故的发生是促使学生努力维持实验室安全、遵守安全守则的主要原因，学生严格遵守实验操作规范更多地来源于对事故发生、人身安全受到损害的恐惧，有超过半数的人对此持有非常肯定的态度，而获得他人的肯定相对而言影响较小。学生外在安全动机情况如图 4-12 所示。

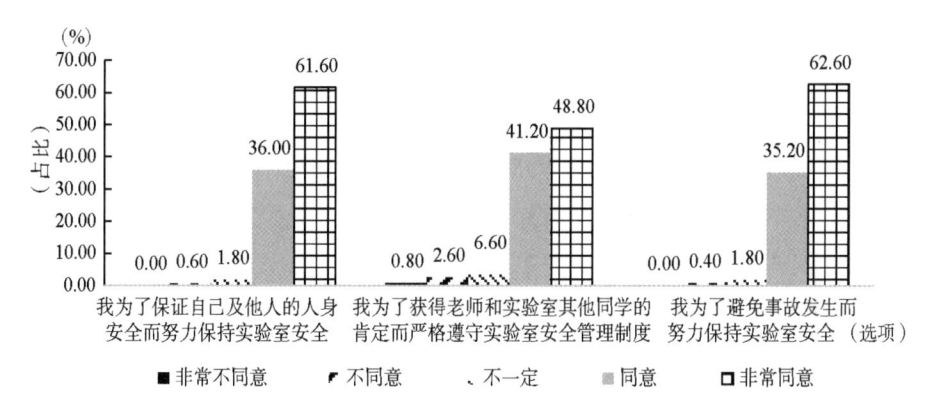

图 4-12 学生外在安全动机情况

五 学生实验室安全行为分析

（一）安全遵守行为分析

安全遵守行为主要考察学生的实验室安全制度遵守情况、仪器设备操作流程规范情况以及实验安全知识和技能掌握情况。在"严格遵守实验室的各项安全制度完成实验工作"这一题项中，59.20%的被调查对象选择"非常同意"，该题项的平均值为 4.552，标准差为 0.583，中位数为 5，整体来看学生的实验室安全制度遵守情况较好；在实验操作过程中，58.00%的被调查对象非常同意自己严格遵守了实验室所有仪器设备的操作流程、规程，规范完成实验工作，该题项的平均值为 4.534，标准差为 0.595，中位数为 5。当被问及是否掌握了实验过程中确保实验安全的所有知识和技能这一题目时，只有 37.80%的被调查对象对此持有绝对肯定的态度，大部分被调查对象认为自己掌握得较好，其比重为 44.20%，该题项的平均值为 4.174，标准差为 0.775，中位数为 5，这表明安全制度的遵守以及仪器设备的规范遵守、学生的安全知识与技能掌握水平不高。如图 4-13 所示。

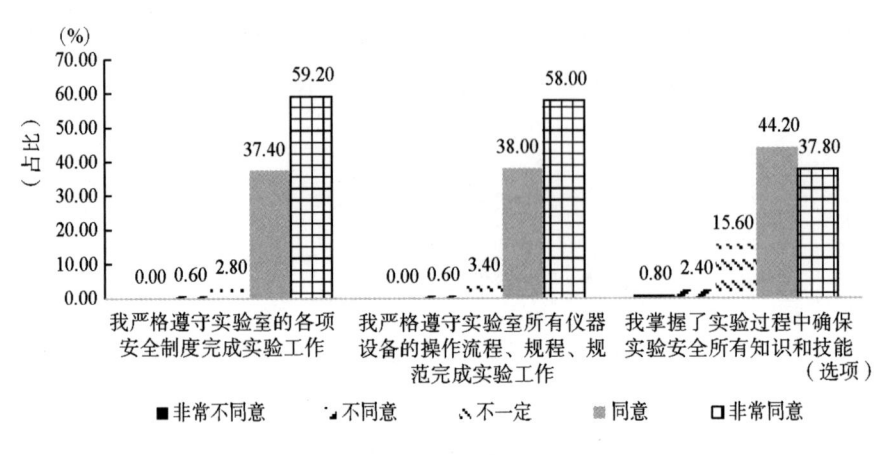

图4-13　学生安全遵守行为情况

(二) 安全参与行为分析

学生的安全参与行为主要包括"经常主动纠正同学的错误操作或想法""积极向实验室管理人员或指导老师提出提升实验室安全水平的意见""自主地完成一些工作来提高实验室安全"。首先，在"经常主动纠正同学的错误操作或想法"这一题项中，只有32.00%的被调查对象对此持有非常肯定的意见，该题项的平均值为4.126，标准差为0.745，中位数为4。在"积极地向实验室管理人员或指导老师提出提升实验室安全水平的意见"这一题项中，只有34.00%的被调查对象对此持有非常肯定的意见，该题项的平均值为4.074，标准差为0.838，中位数为4。在"自主地完成一些工作来提高实验室安全水平"这一题项中，该题项的平均值为4.212，标准差为0.727，中位数4，只有36.80%的被调查对象对此持有非常肯定的态度。经过检测可知，安全遵守行为的总体均值为4.420，中位数4.66，标准差为0.571；安全参与行为的总体均值为4.138，中位数为4，标准差为0.675。对比来看，安全参与行为的得分要低于安全遵守行为，这说明学生在实验室学习、实验操作过程中缺少主动性与能动性，更多地表现为遵守相关规定进行实验操作。学生安全参与行为现状如图4-14所示。

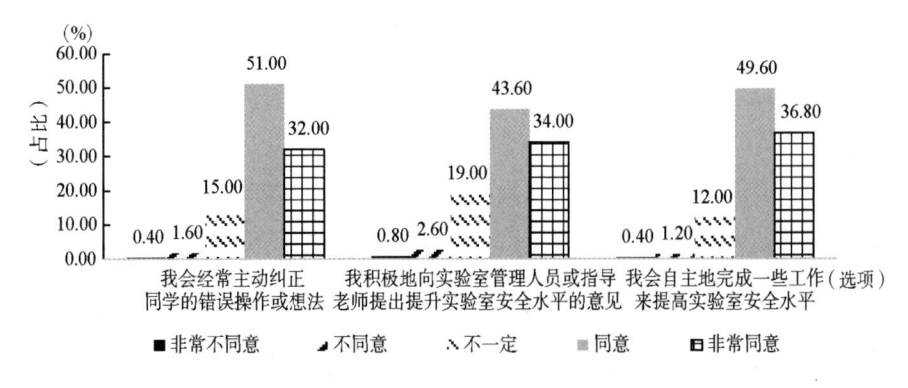

图 4-14 学生安全参与行为现状

第四节 高校实验室安全行为的影响因素

一 问卷的信度和效度检验

本部分在总体描述高校实验室安全管理行为、学生实验室安全能力、学生安全实验室动机以及学生安全实验室行为的基础上对各个因素展开相关性分析,其中直接影响因素为学生个体所具备的能力与动机,具体包括安全知识、安全技能、内在安全动机、外在安全动机;间接影响因素为学校实验室安全管理行为,包括指导老师的安全管理行为与学校安全培训与安全遵守行为。将直接影响因素与间接影响因素分别与学生安全遵守行为、安全参与行为进行相关性分析,可以为高校实验室安全保障策略提供数据支持。

在进行数据相关性分析之前,我们对数据进行了效度检验以保证结果的稳健性。首先,在信度方面,主要采用内部一致性 Cronbach α 系数评价量表信度,经检验发现,量表总体效度为 0.939 (>0.9),说明数据信度质量很高。学校实验室安全管理行为 Cronbach α 值为 0.883,学生实验室安全能力的 Cronbach α 值为 0.905,学生实验室安全动机的 Cronbach α 值为 0.892,学生实验室安全行为的 Cronbach α 值为 0.872。结果显示,所有潜变量的 Cronbach α 值均大于 0.7,通过信度检验。

其次,在效度方面,主要验证了内容效度、结构效度、收敛效度。(1) 内容效度。调查问卷中潜变量的测量题项均来自既有文献的成熟量表,并经过了预测试和专家论证,具有较高的内容效度。(2)结构效度。采用探索性因子分析与验证性因子分析进行检验。经过检验可知总量表 KMO 值为 0.921（>0.8），Bartlett 球形检验的 p 值均小于 0.05，说明该量表的数据非常适合进行因子分析。据特征值大于 1 的原则，总共提取了 4 个公因子，与量表潜变量划分一致，且累计方差贡献率为 69.65%，说明 4 个因子对于原始数据的解释度理想，量表总体的结构效度好。(3)收敛效度。通过验证性因子分析可知，所有变量的 CR 值大于 0.7，除"学生实验室安全行为"的 AVE 值略小于 0.5 外，其余所有变量的 AVE 值均大于 0.5，符合标准，说明量表的收敛效度好。具体结果如表 4-2 所示。

表 4-2　　　　　　　　　　　量表的信度与效度

变量	测量题项	标准化因子载荷	Cronbach α 系数	CR 值	AVE 值
学校实验室安全管理行为	Q1—指导老师严格监督学生的行为	0.641	0.883	0.874	0.543
	Q2—指导老师严格要求学生遵守实验室安全制度	0.587			
	Q3—指导老师以身作则遵循实验室安全程序与制度	0.608			
	Q4—学校为学生提供了足够的实验室安全培训	0.778			
	Q5—安全培训对学生安全操作能力提升的有效程度	0.884			
	Q6—安全培训对学生应急响应能力提升的有效程度	0.863			
学生实验室安全能力	Q7—我知道实验室中存在哪些风险点和风险因素	0.719	0.905	0.907	0.620
	Q8—我对实验仪器设备的安全操作规范的熟练程度	0.831			
	Q9—我对各项实验室安全管理制度的熟悉程度	0.836			
	Q10—我使用安全设施（例如灭火器、消防栓）的熟练程度	0.823			
	Q11—我使用和处理实验室中的危险物质和物品的熟练程度	0.875			
	Q12—我处理实验室中危险情况的能力	0.839			

续表

变量	测量题项	标准化因子载荷	Cronbach α系数	CR 值	AVE 值
学生实验室安全动机	Q13——我认为遵守实验室安全制度让自己实验时更有安全感	0.739	0.892	0.906	0.623
	Q14——我认为维持实验室安全是我的责任	0.880			
	Q15——我认为发挥自己的能力保持实验室安全状态以及有效处理险情能让自己更有成就感	0.869			
	Q16——我为了保证自己及他人的人身安全而努力保持实验室安全	0.902			
	Q17——我为了获得老师和实验室其他同学的肯定而严格遵守实验室安全管理制度	0.541			
	Q18——我为了避免事故发生而努力保持实验室安全	0.889			
学生实验室安全行为	Q19——我严格遵守实验室的各项安全制度完成实验工作	0.921	0.872	0.851	0.498
	Q20——我严格遵守实验室所有仪器设备的操作流程、规程、规范完成实验工作	0.911			
	Q21——我掌握了实验过程中确保实验安全的所有知识和技能	0.640			
	Q22——我会经常主动纠正同学的错误操作或想法	0.795			
	Q23——我积极地向实验室管理人员或指导老师提出提升实验室安全水平的意见	0.851			
	Q24——我会自主地完成一些工作来提高实验室安全水平	0.780			

二 直接影响因素

（一）安全知识、安全技能、内在安全动机、外在安全动机与安全遵守行为的相关性分析

为了进一步探讨高校实验室学生安全遵守行为的影响因素，我们检验了各个变量与学生安全遵守行为之间的相关性，由于数据主要为连续变量，因此采用 Person 相关性分析探讨安全知识、安全技能、内在安全

动机、外在安全动机与安全遵守行为的相关程度。经过检验可知，安全遵守行为和安全氛围之间的相关系数值为 0.543，并且呈现出 0.01 水平的显著性，说明安全遵守行为和安全氛围之间有着显著的正相关关系，实验室的安全氛围越强，学生的安全遵守行为表现越好。安全遵守行为和安全知识之间的相关系数值为 0.565，并表现出 0.01 水平的显著性，说明安全遵守行为和安全知识之间有着显著的正相关关系，学生拥有的安全知识越丰富，越了解实验室可能存在的风险因素与风险点，其在实验室操作过程中越能遵守相关安全制度与安全规则，严格按照仪器设备的操作规范进行实验。安全遵守行为和安全技能之间的相关系数值为 0.469，并且呈现出 0.01 水平的显著性，说明安全遵守行为和安全技能之间有着显著的正相关关系，学生的安全技能水平越高，安全遵守行为表现越好。安全遵守行为和内在安全动机之间的相关系数值为 0.625，并且呈现出 0.01 水平的显著性，说明安全遵守行为和内在安全动机之间有着显著的正相关关系，学生个体的内在安全动机越强，安全遵守行为表现越好。安全遵守行为和外在安全动机之间的相关系数值为 0.743，并且呈现出 0.01 水平的显著性，说明安全遵守行为和外在安全动机之间有着显著的正相关关系，且相关关系非常强。可见，学生对他人的指责、事故的爆发越担忧，越能遵守安全规则与规范，安全遵守行为的表现越好。具体的相关性系数如表 4-3 所示。

表 4-3　　　　各变量与安全遵守行为的相关性分析

	安全遵守行为
安全知识	0.565**
安全技能	0.469**
内在安全动机	0.625**
外在安全动机	0.743**

注：* $p<0.05$；** $p<0.01$。

（二）安全知识、安全技能、内在安全动机、外在安全动机与安全参与行为的相关性分析

为了进一步探讨高校实验室学生安全参与行为的影响因素，我们检

验了各个变量与学生安全遵守行为之间的相关性,由于数据主要为连续变量,因此采用 Person 相关性分析探讨安全知识、安全技能、内在安全动机、外在安全动机与安全参与行为的相关程度。经过检验可知,安全参与行为和安全知识之间的相关系数值为 0.534,并且呈现出 0.01 水平的显著性,因而说明安全参与行为和安全知识之间有着显著的正相关关系,安全知识越丰富,安全参与行为的表现越好。安全参与行为和安全技能之间的相关系数值为 0.490,并且呈现出 0.01 水平的显著性,因而说明安全参与行为和安全技能之间有着显著的正相关关系,学生所掌握的安全技能越多,越乐意向周边的人提出相关意见、指正其错误之处,因而安全参与水平越高。安全参与行为和内在安全动机之间的相关系数值为 0.390,并且呈现出 0.01 水平的显著性,说明安全参与行为和内在安全动机之间有着显著的正相关关系,内在安全动机越强烈,学生的主动性与积极性越强,安全参与水平也越高。安全参与行为和外在安全动机之间的相关系数值为 0.459,并且呈现出 0.01 水平的显著性,说明安全参与行为和外在安全动机之间有着显著的正相关关系,外在安全动机越强,对他人的指责以及事故的发生越恐惧,其主动督促他人的意愿越高,因而安全参与行为的表现越好。具体的相关性系数如表 4-4 所示。

表 4-4　　　　　　各变量与安全遵守行为的相关性分析

	安全参与行为
安全知识	0.534**
安全技能	0.490**
内在安全动机	0.390**
外在安全动机	0.459**

注:* $p<0.05$;** $p<0.01$。

三　间接影响因素

(一) 指导老师的监管行为、学校安全培训与安全遵守行为的相关性分析

对于指导老师的监管行为、学校安全培训与安全遵守行为的相关性

分析，主要采用 Person 相关分析进行检验。从表 4-5 可知，安全遵守行为和指导老师的监管行为之间的相关系数值为 0.410，并且呈现出 0.01 水平的显著性，说明安全遵守行为和指导老师的监管行为之间有着显著的正相关关系，即指导老师的日常监督与要求越严格，学生越能按照相关规范标准进行安全的实验操作。安全遵守行为和学校安全培训之间的相关系数值为 0.533，并且呈现出 0.01 水平的显著性，说明安全遵守行为和学校安全培训之间有着显著的正相关关系，学校安全培训越频繁、越有针对性，学生的实验室安全遵守水平越高，这反映了学校安全培训对提高学生的安全遵守水平的重要性。

表 4-5　指导老师的监管行为、学校安全培训与安全遵守行为的相关性分析

	安全遵守行为
指导老师的监管行为	0.410**
学校安全培训	0.533**

注：* $p<0.05$；** $p<0.01$。

（二）指导老师的监管行为、学校安全培训与安全参与行为的相关性分析

从表 4-6 可知，利用相关分析去研究安全参与行为与指导老师的监管行为和学校安全培训之间的相关关系，使用 Pearson 相关系数去表示相关关系的强弱情况。具体分析可知：安全参与行为和指导老师的监管行为之间的相关系数值为 0.346，并且呈现出 0.01 水平的显著性，因而说明安全参与行为和指导老师的监管行为之间有着显著的正相关关系。指导老师的监管行为越频繁，学生安全参与的水平越高，这可能在于老师在指导监督过程中与学生的接触越多，学生越有更多的机会向老师及其同学提出相关意见。安全参与行为和学校安全培训之间的相关系数值为 0.544，并且呈现出 0.01 水平的显著性，说明学校安全培训正向影响学生的安全参与水平，相对于指导老师的监管行为，学校的安全培训更加强调安全氛围的塑造，因而更能影响学生的安全参与水平。

表 4-6　　指导老师的监管行为、学校安全培训与安全参与
行为的相关性分析

	安全参与行为
指导老师的监管行为	0.346**
学校安全培训	0.544**

注：* $p<0.05$；** $p<0.01$。

第五节　高校实验室安全风险防控措施

一　强化实验室指导老师安全素养

实验室指导老师是实验室安全管理的重要责任人，他们的安全素养水平直接关系到实验室的安全管理水平，也直接影响到学生的安全意识和素质。此外，提升指导老师的安全素养水平能够有效促进实验室安全文化的形成，树立"安全第一，预防为主"的安全理念，让实验室师生深刻认识到安全的重要性，从而使实验室安全文化得到有效的传承和发展。强化实验室指导老师的安全素养，应从多方面着手。其一，定期进行安全培训。安全知识是实验室指导老师应必备的基础知识，需要不断更新和巩固。其二，定期组织安全培训和考核。确保实验室指导老师对安全工作的理解和掌握。其三，掌握实验操作技能。实验室指导老师需要具备熟练的实验操作技能，能够指导学生正确地、安全地进行实验操作，并及时发现和排除实验操作中可能存在的安全隐患。其四，关注新技术和新材料的安全性。随着科技的发展，各类实验常常会涉及新技术和新材料的使用，实验室指导老师需要及时了解这些新技术和新材料的安全性，避免因为技术或材料的不当使用而引发安全事故。

二　综合施策改善学生实验室不安全行为

通过上述分析可知，学生的不规范行为是实验室安全事故发生的主要原因。为了保障实验室安全，必须改善学生的实验室不安全行为。我们认为应当通过多措并举、综合施策，从多方面改善学生的不安全行为，增强学生的安全知识与技能，同时提高内在安全动机与外在安全动机，

促进学生更加注重实验室的安全问题。首先，学校应当加强安全教育，通过安全环境及安全氛围的塑造提高学生的内在安全动机，督促学生时刻保持实验室安全事故的警惕性。其次，在高校实验室日常管理中，还应采取外在的激励措施促进学生外在安全动机的提升。例如，本科生实验室课程考核激励、实验室安全绩效奖励等，通过给予学生目标、荣誉、奖励等形式的认可和支持来激发学生自我实现的需求。

三　完善实验室安全准入制度

实验室安全准入制度是通过规范实验室师生的准入流程和条件，实现对实验室师生的管理和监督。优化实验室安全准入制度，有助于建立科学、规范、有效的实验室安全管理体系，确保实验室安全运行。首先，要建立科学、规范、透明的实验室管理流程，明确实验室师生的准入条件和管理要求，要求师生达到实验室操作要求与标准后才能进入实验室，防止不合格人员进入实验室从而引发安全事故。其次，完善学生的实验室安全知识考核制度。当前，高校采用入学实验室安全考试的形式"一刀切"式的实施实验室安全考核制度，这既无法针对性地、全面地考核学生应具备的安全知识和安全技能，也无法满足统筹实验室发展与安全的需求，导致学生安全能力难以适应当前的实验室安全环境。因此，各高校应在加强实验室安全范围建设的同时，动态关注学生必要的实验室安全能力。

四　定期开展实验室安全检查

为了避免实验室安全事故的发生，学校应定期开展实验室安全检查，通过对实验室设施、设备、物品和操作流程进行全面、细致的检查，及时发现安全隐患，并及时采取措施排除隐患，保证实验室师生的生命安全和身体健康。同时，实验室安全检查工作也可以及时发现实验室安全管理中存在的问题和不足，有助于促进实验室安全管理水平的提高。通过不断的安全检查和总结，不仅有助于积累经验改进管理，提高安全管理的科学性和规范性，还可以让实验室师生深刻认识到实验室安全的重要性，增强安全意识。

五 加强实验室安全培训

实验室安全培训程序可以有效提高实验室工作人员的安全技能水平与安全意识，提高应急处理能力，从而减少安全事故的发生，更好地保障实验室安全。我们认为：第一，对不同实验室学生制定具体的培训计划。在制定培训计划时，需要考虑到不同人员的安全培训需求，并根据其职责、可能面临的安全风险等因素进行分类，定期安排针对性强的实验室安全培训。第二，建立实验室安全培训制度。规范实验室安全培训的时间、地点、内容、形式、考核等方面，使其成为实验室管理的常规工作之一。第三，完善培训内容。培训内容应包括基本安全常识、设备操作规程、事故案例分析、应急处置等方面，并根据实验室的特点和实验项目进行针对性的培训。如化学实验室应当进行防火灭火培训，生物实验室应当进行微生物菌（毒）的防护培训。第四，采用多种形式的培训方式。培训方式可以采用讲座、演示、互动、实践等多种形式，让参与者更加深入地了解实验室安全知识，并且增强他们的实践能力。第五，定期评估培训效果。为了确保实验室安全培训的效果，应定期对参与培训人员的安全素养进行评估，发现问题及时进行补救，同时对培训计划进行不断地改进和完善。

第 五 章

高校周边经营性自建房安全的调查与分析

安全是社会进步的前提，也是人类生存发展的基本保障。随着社会经济快速推进，高等教育近年来得到迅猛发展，办学规模不断扩大，在校生人数不断增多。2022年"全国教育事业发展基本情况"显示，全国高等学校已经达到了3013所，各种形式的高等教育在校学生总规模达到4655万人，比上年增加225万人。[①] 作为培养社会主义建设者和国家栋梁的重要基地，高校的安全与稳定不可避免受到高度关注和重视。

相比较为封闭的中小学而言，高校的开放化和社会化趋势使得当前高校校园安全面临更大的挑战。高校周边商铺林立，经营性自建房数量众多，隐藏在环境中的不安全因素带来了不稳定因素。高校周边环境本质上是一个以经营性自建房为载体的复杂商业活动空间，大学生这个特殊青年群体与其进行着深度交融。校方和各类相关部门不仅要对校园周边经营性自建房的安全环境和状态进行有效监督，同时也需要做好以大学生为主体的周边安全工作，避免周边安全事故的发生。

本章力图通过对校园周边经营性自建房的风险类型及环境现状、当前大学生周边安全意识和风险应对行为等的调查，了解和分析大学生校园周边安全意识与行为的表现及影响因素，在此基础上提出有针对性的高校校园周边经营性自建房治理策略，为当前高校校园安全工作进一步推进提供有益的借鉴和启示。

---

① 教育部发展规划司：《2022年全国教育事业发展基本情况》(http://www.moe.gov.cn/fbh/live/2023/55167/)。

第一节　高校周边经营性自建房安全风险概述

经营性自建房安全风险属于校园周边安全领域的研究问题，明确校园周边安全的内涵有助于我们提高对于高校周边经营性自建房安全的理解。校园周边安全是指参与发生在学校周边有形或无形场所中校外活动的学生的人身安全，包括食物、卫生、运输、商业、文化、环境等方面的安全。《中华人民共和国教育法》对校园周边环境做出了规范，规定了校园及周边200米范围内为校园安全保护区，禁止任何个人在学校及幼儿园校门两侧100米范围内设置经营性占道棚亭或在200米范围摆摊设点等。[1] 国务院办公厅和有关部门发布的《关于进一步加强学校及周边建筑安全管理的通知》《关于进一步加强学校校园及周边食品安全工作的意见》《关于完善安全事故处理机制维护学校教育教学秩序的意见》等政策文件也进一步明确了维护校园周边安全的内容和要求。虽然国家高度重视校园周边安全工作，但由于校园周边环境的复杂性，相关安全事件依然较多，给学校发展带来较大冲击，成为学生成长环境中的不稳定因素。

一　高校周边经营性自建房安全风险的类型

结合校园周边安全的定义和政策内容规定，高校周边经营性自建房安全风险可以被定义为以高校为中心的周边200米区域内，在校大学生在食品消费、住房消费、消防安全等方面不受损失的一种主客观状态，其本质是消除或者控制校园外的不安全因素，以维护学校和区域社会秩序稳定。与幼儿园和中小学相比，当前高校校园周边经营性自建房安全工作面临的形势更加严峻。从外部环境上来讲，高校已由原来单一封闭的"象牙塔"转变为全面开放的"小社会"。开放的校园环境使高校与复杂化、多元化的社会更为交融，大学生暴露在经营性自建房的不安全环境中的风险更大。从群体特征的角度来看，高校大学生是具有独立行为能力的人群，相比于未成年学生群体，自主性强、流动性大、对校外消费

---

[1] 张玉堂：《学校安全及其几个关系》，《西部学校安全预警与救助机制研究第一次学术会议论文集》，2006年。

依赖性高，而自建房建筑是校园周边娱乐业态、餐饮业态的主要经营场所，因此高频率外出消费行为加大了大学生面临经营性自建房安全风险的可能。

大学生校园周边经营性自建房安全问题是亟须解决的现实困扰，也是当前高校落实"以学生为中心"安全工作的重要内容，明晰当前高校校园周边经营性自建房的风险类型有助于更好地开展校园周边经营性自建房安全整治工作，有利于从更加宽广的时空领域进一步推进高校校园安全。高校周边经营性自建房安全风险可分为如下三种类型。

（一）高校周边经营性自建房食品消费风险

高校周边经营性自建房食品卫生环境与大学生的生命健康息息相关。面对大学生这一偌大的消费群体，社会上各种商贩云集在校园周边，其中以食品经营为主的路边餐饮店、流动摊点最为突出。虽然它们在一定程度满足了学生们多样化的饮食需求，但也存在着巨大的食品卫生安全隐患。一方面，部分餐饮店的食物操作空间十分狭小，功能区不分，餐具消毒不彻底，容器混用，卫生条件较差；另一方面，出于盈利目的，经营者为了保持低价优势可能会采用未经过安全检验的食材制作食物，使得食品卫生安全无法得到保障。由于大学生在校园周边经营性自建房消费的便利性，以提供餐饮服务为主的校园周边经营性自建房已成为当代大学生的主要消费场所，如果缺乏对校园周边经营性自建房食品卫生安全的监管和对学生的安全教育，易导致学生食品卫生安全事件的发生。

（二）高校周边经营性自建房住房消费风险

随着高校基础设施逐渐老化，为改善住房条件、满足社交需求或者学习需要，部分大学生存在私自在外租房的现象。一些大学生受到生活费的限制，只能在个人消费能力之内负担校园周边租金便宜的经营性自建房。但这些经营性自建房大多由城乡居民自行建设，缺少专业设计、专业施工，房屋结构承载力和稳定性差。为容纳更多学生客源赚取利润，不少房屋主私自加盖扩建，违规装修，这些不安全行为增加了经营性自建房安全隐患，给居住在经营性自建房中的大学生的生命财产安全造成严重威胁。

（三）高校周边经营性自建房消防安全风险

高校周边经营性自建房以小型建筑为主，多为老式的砖混结构，不仅存在建筑安全隐患,而且缺乏应有的消防设施和通道。同时,经营性自建房违规建设改造现象比较普遍。不少自建房擅自变更房屋用途,不断违规改造水电线路、私拉私接电线,违规占用消防通道,并且自建房多集中于城乡接合部、城中村等建筑群体密集且道路狭窄地区,消防安全隐患重重。校园周边经营性自建房消防安全监管体制机制建设不完善,基层消防监管和安全隐患排查力量严重不足,致使高校周边经营性自建房消防风险加剧。

二 高校周边经营性自建房安全事件典型案例

(一) 案例过程①

2022年4月29日,长沙某高校附近一经营性自建房发生倒塌事故,造成54人遇难,且大部分遇难者为中午休息时段外出就餐的高校学生。案例中的坍塌建筑为经营性自建房,建筑面积共约800平方米,已建成十多年。该楼房最初只有3层,事发时已违规加建至6层,甚至可以说是9层,因为6层以上又违规加盖了3层简易阁楼,用作房主自住,其余楼层作为经营用途分别是麻辣烫店、饭店、私人影院、家庭旅馆。2022年4月13日,湖南湘大工程检测有限公司曾对在该自建房4、5、6楼经营的家庭旅馆进行房屋安全鉴定,出具了虚假房屋安全鉴定报告,导致本身存在严重结构问题的房屋得以继续保持经营状态。在事故发生的前一段时间,该建筑部分楼层的房屋墙体已出现明显裂缝,但房屋主和店主未足够重视,未及时停业整改、修缮房屋。事发当天,一楼的建筑墙体开始出现落灰、石块掉落的情况时,一楼麻辣烫店铺的老板催促店内就餐的顾客打包带离餐厅,部分在此处就餐的学生选择及时离开餐厅,继续就餐的学生和留下打包餐食的服务人员未能及时逃离。

(二) 案例分析

一方面,据2022年4月30日长沙市自建房倒塌事故新闻发布会消

---

① 中华人民共和国应急管理部:《湖南长沙"4·29"特别重大居民自建房倒塌事故调查报告》(https://www.nem.gov.cn/gk/sgcc/tb2dsgdcbg/2023dcbg_5532/202305/po20230521599708081588.pdf)。

息，该房屋倒塌的原因是承租户对房屋有不同程度的结构改动。① 学术界亦从房屋结构和建设标准的角度对这次自建房倒塌的原因进行了广泛的讨论，大多数学者认为，违法改造房屋的结构导致对楼体承重体产生破坏，私自更改空间使用功能致使荷载传递体系错乱和房屋结构强度降低，使得原有的房屋无法承受多余的重量，从而造成了整个自建房的倒塌。此外，自建房的建设标准不高，施工之初存在设计不科学、房屋质量不高、材料强度未达标等先天问题，年久失修后更易产生安全隐患。

另一方面，政府对于自建房房屋安全质量监管工作的缺失亦是此次事故发生的关键原因。目前大量房屋安全鉴定单位并不具备设计资质或资质不全、房屋质量检测工作与房屋安全鉴定工作相混淆、检测机构承担鉴定工作能力不足、市场不规范等问题凸显。此外，事故遇难者多为在校大学生，这也证明了大学生对经营性自建房安全风险知识认知不足，高校安全教育工作不到位。

由于高校周边经营性自建房倒塌而导致的重特大安全事故引起学校、政府和社会对校园周边经营性自建房安全高度关注，各地高校校园周边经营性自建房治理工作随之提上重要日程。

第二节　高校周边经营性自建房学生安全意识与风险应对行为

一　研究设计

（一）变量测量

1. 房屋安全程度

房屋安全程度主要是指自建房的房屋结构稳定性、建设材料安全性、建设规划科学性和环境舒适性等是否符合国家建房的有关标准。从经营性自建房安全风险表现和风险成因的角度出发，本调查在问卷中列举了五种不同类型的经营性自建房存在的安全隐患问题，如存在乱堆杂物、通道狭窄现象，房主私自修改水电线路等问题，经营性自建房出现墙壁

---

① 财经头条：《CS房屋倒塌事故造成23人被困，39人失联》（https://cj.sina.com.cn/articles/view/1451977335/568b6a7701901ejjm）。

开裂、渗水、长霉、掉渣等损坏，经营性自建房出现地基下沉、房屋倾斜、房屋主体变形等情况和其他安全隐患，以此来了解校园周边经营性自建房的安全现状。

2. 感知价值

感知价值是指消费者在发生购物行为的实践过程中将商品的预期表现与实际结果相比较后的综合评价，这种预期在一定程度上会对购买决策产生影响。① G. A. Churchill 等把感知价值细分为功能价值、社会价值、情感价值和感知付出四个方面。② 功能价值是指满足基本需求和产品质量、性能方面的效用；社交价值是指消费者从消费行为中获得的社会承认以及社交需求的满足；情感价值是指消费者从购买经历中获得的愉悦感与情感满足；感知付出是指在消费过程中消费者为获得需要的产品和服务所付出的成本。③ 本调查设置了包括以上四个维度的内容来测量学生在经营性自建房消费的感知价值，判断学生在经营性自建房消费的原因。

3. 主观规范行为

主观规范行为是指个体对于是否和如何采取某项特定行为所感受到的社会压力，是他人或组织行为对其产生的影响。④ 本调查将房屋主、周围人、辅导员、学校以及政府相关部门等不同主体对大学生经营性自建房消费行为产生影响的程度纳入题项，探明影响大学生高校周边经营性自建房消费行为的社会压力，为治理大学生高校周边经营性自建房消费行为提供证据支撑。

4. 风险认知

风险认知是指公众对于客观风险事件的主观认识、态度及判断，⑤ 更强调难以准确测度的主观态度，因此本调查结合现有的研究成果，在被

---

① 黄颖华、黄福才：《旅游者感知价值模型、测度与实证研究》，《旅游学刊》2007 年第 8 期。

② G. A. Churchill Jr., C. Surprenant, "An Investigation into the Determinants of Customer Satisfaction", *Journal of Marketing Research*, Vol. 19, 1982.

③ 杨晓燕、周懿瑾：《绿色价值：顾客感知价值的新维度》，《中国工业经济》2006 年第 7 期。

④ 王丽丽、张晓杰：《城市居民参与环境治理行为的影响因素分析——基于计划行为和规范激活理论》，《湖南农业大学学报》（社会科学版）2017 年第 18 期。

⑤ P. Slovic, "Perception of Risk", *Science*, Vol. 236, 1987, pp. 280–285.

调查者对房屋倒塌的表征和可能性、房屋倒塌的可控制程度、房屋倒塌可能造成的损失等方面共设计5个题项，间接测量大学生对经营性自建房风险的了解程度，以综合反映大学生风险认知情况。

5. 安全态度

安全态度是指消费者对于行为决策可能导致后果的评价和感知，是影响消费者行为意向和行为决策的关键因素。目前关于态度是对待特定的人、观念或事件的情感、信念和行为倾向的观点已被广泛接受。[1] 因此本调查将通过主观安全评价和安全行为倾向2个维度来间接测量大学生安全态度。主观安全评价表示个人对关于安全态度的观点和行为的认同与厌恶程度，安全行为倾向则是被调查者要采取某种安全行为的反应趋势。

6. 风险应对行为

应对行为指的是对外界压力采取的心理和行动上的应对措施，[2] 因此风险应对行为可以指个体通过认知、行为上的努力对特定风险事件进行管理和适应。本调查通过安全风险防范行为和安全事件事后应对行为2个维度来了解大学生在发现经营性自建房安全风险时和出现经营性自建房安全事件后所采取的应对行为，作为判断依据。

(二) 调查方法与样本状况

本调查以"CS 4·29校园周边安全事件"为研究背景，选取高校周边经营性自建房风险作为研究对象，了解校园周边经营性自建房现状，大学生关于经营性自建房的消费频率、安全程度、风险认知、安全态度、应对行为，分析目前大学生高校周边安全意识和行为现状及影响因素，为增强大学生校园周边安全意识和提升风险应对能力，进一步保障高校校园周边安全提供数据支撑。

本调查通过网络问卷调查平台对全日制专科以上的在校大学生安全意识与行为进行了普查，剔除存在异常值样本后，共获得5044份有效问

---

[1] Rosenberg, M. J., Hovland, C. I., McGuire, W. J., et al., "Attitude Organization and Change: An Analysis of Consistency among Attitude Components. (Yales Studies in Attitude and Communication.)", *Revue Francnise de Sociologie*, Vol. III, 1960.

[2] 李华强、龚乐、范春梅:《药品安全事件中公众应对行为的形成机制》,《公共管理学报》2019年第3期。

卷,问卷有效回收率为93.40%。其中,男生占总人数的48.20%,女生占总人数的51.80%;超过65.00%的被调查者的年龄位于20—25岁,其中本科生、研究生和大专生占被调查对象总人数的比例分别为88.42%、2.42%和9.16%。85.71%的被调查大学生学校位于市区位置。62.15%的被调查大学生月生活费在1500元以下,其中11.95%的被调查大学生生活费在1000元以下,具有2000元以上月生活费的被调查大学生仅占13.17%,也就是说有近86.84%的被调查大学生生活费在2000元以下。样本结构基本符合实际情况。详细情况见表5-1。

表5-1　　　　　　有效问卷的基本信息统计

	基本信息	人数	比例(%)
性别	男	2431	48.20
	女	2613	51.80
年龄	19岁以下	1693	33.56
	20—25岁	3319	65.80
	26—30岁	13	0.26
	30岁以上	19	0.38
学历	大专	462	9.16
	大学本科	4460	88.42
	研究生	122	2.42
区域	市区	4323	85.71
	郊区	721	14.29
月均生活费	1000元以下	603	11.95
	1000—1500元	2532	50.20
	1501—2000元	1245	24.68
	2000元以上	664	13.17

(三)问卷的信度和效度检验

为了说明变量测量维度的可靠性,我们对调查数据进行信、效度检验。

1. 信度检验

在信度方面,采用内部一致性Cronbach α系数评价量表信度,得出信度系数值为0.897，大于0.8，因而说明研究数据信度质量高。

2. 效度检验

（1）探索性因子分析

经过KMO和Bartlett的检验，可以得出KMO值为0.912，大于0.6，数据可以被有效提取信息。所有研究项对应的共同度值均高于0.4，说明研究项信息可以被有效提取。本调查采用探索性因子分析，经过旋转后，共提取出6个因子，方差解释率分别是17.570%、15.664%、14.161%、12.494%、11.791%、11.664%，旋转后累积方差解释率为83.344%＞50%，意味着研究项的信息量可以被有效提取出来。

（2）验证性因子分析

本调查对包括6个维度、35个分析项进行验证性因子分析。通过验证性因子分析可知，各潜变量所对应的显变量对应的AVE值全部均大于0.5，且CR值全部均高于0.7，反映数据具有良好的聚合效度。

二 高校周边经营性自建房安全程度

校园周边经营性自建房的房屋安全程度的调查结果显示（见图5-1）：被调查大学生对校园周边经营性自建房存在乱堆杂物和通道狭窄的问题表示非常同意的比例为24.69%，表示的比较同意的比例为21.07%；同时对经营性自建房存在私自修改水电线路的情况有45.66%的被调查大学生选择比较同意或非常同意，其中26.38%的被调查大学生表示非常同意；对于经营性自建房存在墙壁开裂、渗水、长霉、掉渣等损坏情况，有27.89%的被调查大学生表示非常同意；27.68%的被调查大学生非常同意经营性自建房存在地基下沉、房屋倾斜、房屋主体变形等现象，17.31%的被调查大学生比较同意经营性自建房存在地基下沉、房屋倾斜、房屋主体变形等现象；超过40.37%的被调查大学生比较同意或者非常同意经营性自建房存在其他安全隐患问题。

由此可见，高校周边经营性自建房建筑多存在"先天不足"的结构安全隐患问题，私自修改水电线路等违规建设、改造现象比较普遍。这是由于自建房由城乡居民自行建设，缺少专业设计、专业施工，房屋结构承载力和稳定性差造成的。同时，不少经营性自建房房主擅自改变房屋用途，以盈利为目的不断违规加盖、扩建装修，甚至拆改房屋主体结

图 5-1 中各条目数据：

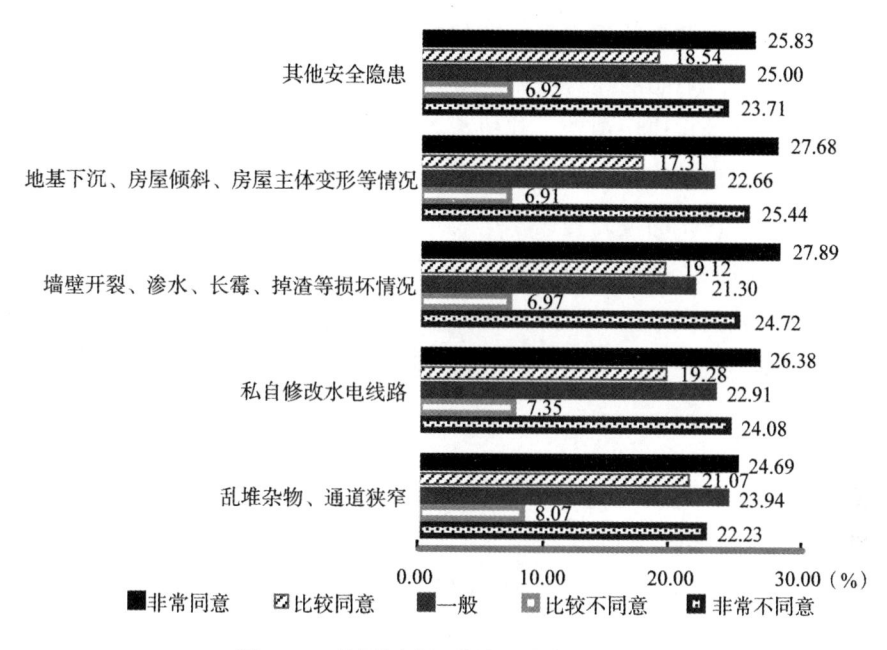

- 其他安全隐患：25.83 / 18.54 / 6.92 / 25.00 / 23.71
- 地基下沉、房屋倾斜、房屋主体变形等情况：27.68 / 17.31 / 6.91 / 22.66 / 25.44
- 墙壁开裂、渗水、长霉、掉渣等损坏情况：27.89 / 19.12 / 6.97 / 21.30 / 24.72
- 私自修改水电线路：26.38 / 19.28 / 7.35 / 22.91 / 24.08
- 乱堆杂物、通道狭窄：24.69 / 21.07 / 8.07 / 23.94 / 22.23

图例：■非常同意　比较同意　■一般　□比较不同意　非常不同意

图 5-1　校园周边经营性自建房环境现状

构，导致墙体损坏等情况的发生。

三　大学生在高校周边经营性自建房的消费行为

本调查关于大学生在高校周边经营性自建房的消费行为的现状描述和原因分析主要包含消费频率、感知价值、主观规范行为等几个方面。

（一）消费频率

从大学生在经营性自建房的消费频率的角度出发，本调查询问了大学生在出租居住、民宿宾馆业态的自建房，餐饮饭店业态的自建房，批发零售业态的自建房，教育设施业态的自建房，休闲娱乐业态的自建房，农贸市场业态的自建房，医疗卫生业态的自建房等不同类型场所的消费情况。

调查结果显示（见图 5-2），57.89% 的被调查大学生曾在医疗卫生业态的自建房消费过，19.41% 的被调查大学生表示经常消费或偶尔消费；55.44% 的被调查大学生曾在农贸市场业态的自建房消费过，其中2.80% 的被调查大学生表示经常在此业态的经营性自建房消费；64.07%

的被调查大学生曾在休闲娱乐业态的自建房消费，其中4.26%的被调查大学生经常在此业态的经营性自建房消费；57.79%的被调查大学生曾在教育设施业态的自建房消费，其中5.21%的被调查大学生经常在此业态的经营性自建房消费；64.35%的被调查大学生曾在批发零售业态的自建房消费过，6.19%的被调查大学生表示经常在此业态的经营性自建房消费；71.83%的被调查大学生曾在餐饮饭店业态的自建房消费，其中7.83%的被调查大学生表示经常在此业态的经营性建房消费；50.76%的被调查大学生曾在出租居住、民宿宾馆业态的自建房消费。

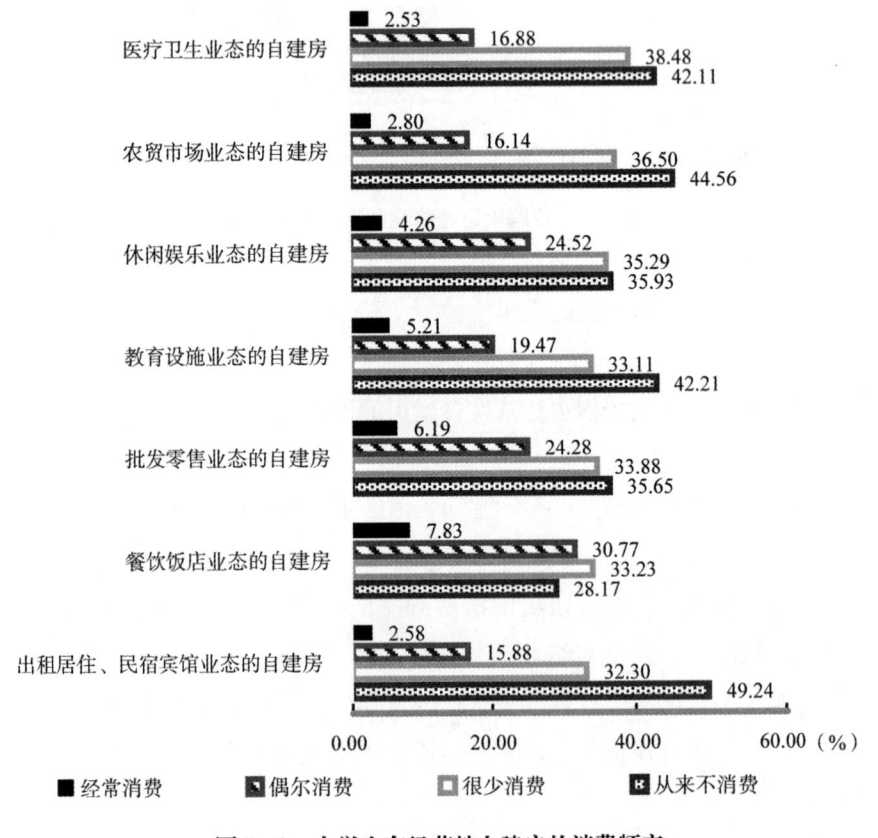

业态	经常消费	偶尔消费	很少消费	从来不消费
医疗卫生业态的自建房	2.53	16.88	38.48	42.11
农贸市场业态的自建房	2.80	16.14	36.50	44.56
休闲娱乐业态的自建房	4.26	24.52	35.29	35.93
教育设施业态的自建房	5.21	19.47	33.11	42.21
批发零售业态的自建房	6.19	24.28	33.88	35.65
餐饮饭店业态的自建房	7.83	30.77	33.23	28.17
出租居住、民宿宾馆业态的自建房	2.58	15.88	32.30	49.24

图 5-2 大学生在经营性自建房的消费频率

由此可见，大部分大学生群体在餐饮饭店业态的自建房、批发零售业态的自建房和休闲娱乐业态的自建房消费频率较高。大学校园外、校区间的商业街多为自建房,排档超市、娱乐场所、商业网点交叉林立,应有尽有,在为学生外出就餐、购物提供便利之余,也提高了大学生在经营性自建房消费的频率。

(二) 感知价值

根据经营性自建房为大学生提供感知价值的调查结果(见图 5-3),被调查大学生在经营性自建房消费原因的结果如下。

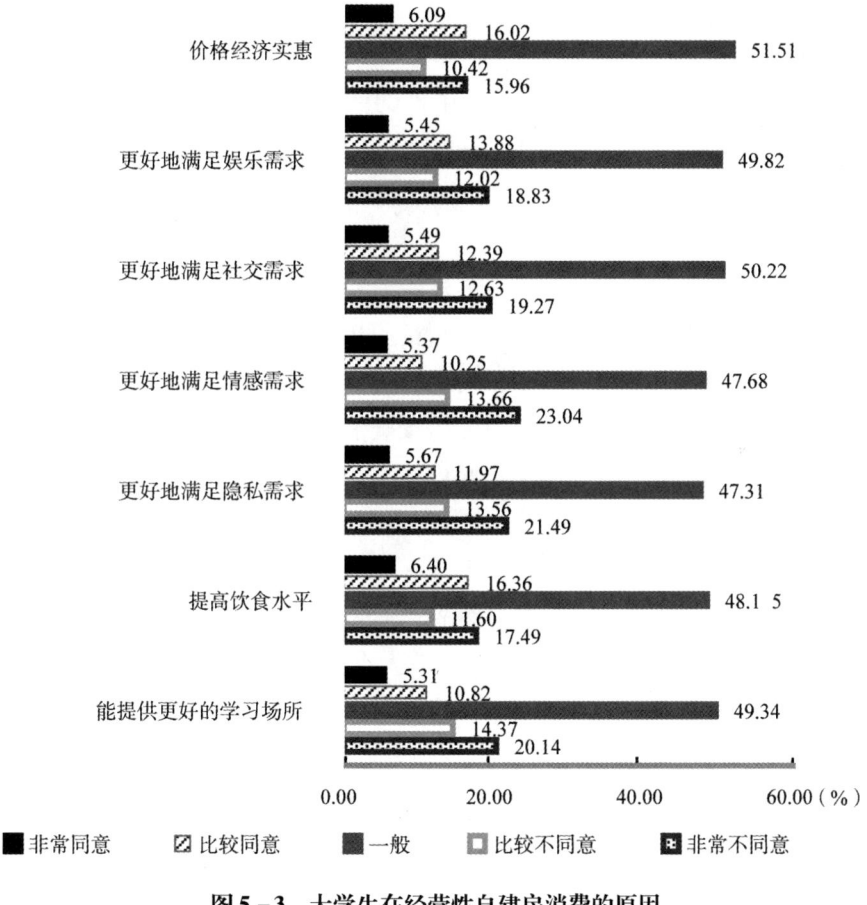

图 5-3 大学生在经营性自建房消费的原因

一是从感知付出的角度出发,仅有 15.96% 的被调查大学生非常不同意价格实惠经济是其选择在经营性自建房消费的原因。

二是从社交价值的角度出发,超过 69.00% 的被调查大学生认可经营性自建房能够更好地满足娱乐需求这一观点；不足32.00%的被调查大学生对经营性自建房能够更好地满足社交需求表示了一定程度上的不同意，其中19.27%的被调查大学生对此观点表示完全不同意。

三是从情感价值的角度出发，5.37%的被调查大学生对经营性自建房能够更好地满足情感需求表示了强烈的认可，10.25%的被调查大学生在一定程度上认可此观点；5.67%的被调查大学生对经营性自建房能够更好地满足隐私需求表示了强烈的认可，11.97%的被调查大学生在一定程度上认可此观点。

四是从功能价值的角度出发，6.40%的被调查大学生对在经营性自建房消费能够提高饮食水平表示了强烈的认可，17.49%的被调查大学生完全不认可此观点；超过65.00%的被调查大学生对在经营性自建房消费可以提供更好的学习场所表达了认可，其中5.31%的被调查大学生非常认同此观点。

由此可见，大学生在经营性自建房消费的主要原因集中于经营性自建房带来的社交价值和感知付出。高校周边环境处于喧嚣的商业大潮的包围之中，一些缺乏相应卫生、安全设施的经营性自建房与学校距离较近且提供的服务价格低廉，为大学生聚会和娱乐提供了便利的场所。所以，价格经济实惠和更好地满足娱乐需求成为大学生在经营性自建房消费的主要原因。

（三）主观规范行为

关于主观规范行为的调查结果显示（见图5-4），不同主体对大学生高校周边经营性自建房消费行为的影响大小存在差异。

对大学生在高校周边经营性自建房消费行为影响最大的是政府的安全管理。59.02%的被调查大学生认为政府部门的安全管理和监管行为能够影响自身消费选择，其中30.95%的被调查大学生认为政府安全管理对其消费的影响程度非常大。

对大学生在高校周边经营性自建房消费行为影响第二的是学校的安全管理。仅有3.57%的被调查大学生认为学校的安全管理完全不能够影响他们的消费选择，超过半数的被调查大学生认为学校的安全管理会对自身选择经营性自建房消费产生影响。

对大学生在高校周边经营性自建房消费行为影响第三的是辅导员的

第五章 高校周边经营性自建房安全的调查与分析 / 133

图中数据：

政府的安全管理：30.95 / 28.07 / 31.56 / 5.93 / 3.49

学校的安全管理：26.47 / 29.50 / 33.78 / 6.68 / 3.57

辅导员的安全宣讲：25.57 / 28.29 / 35.55 / 6.74 / 3.85

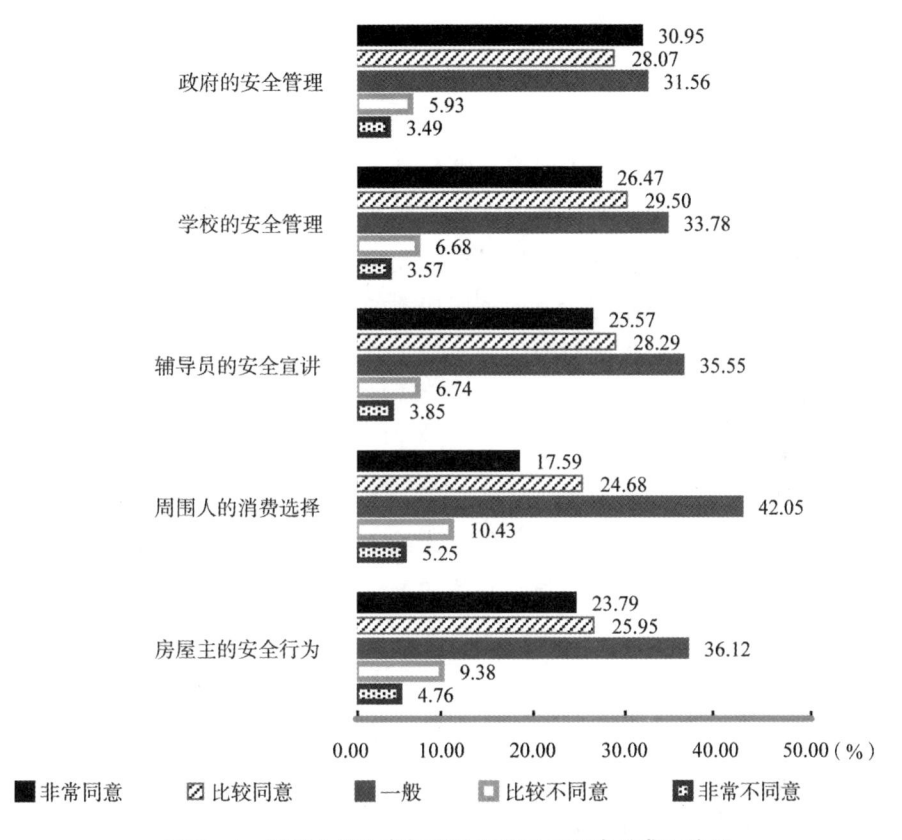

周围人的消费选择：17.59 / 24.68 / 42.05 / 10.43 / 5.25

房屋主的安全行为：23.79 / 25.95 / 36.12 / 9.38 / 4.76

■ 非常同意　▨ 比较同意　■ 一般　▢ 比较不同意　▨ 非常不同意

图 5-4　影响大学生高校周边经营性自建房消费行为的主观规范行为

安全宣讲。25.57%的被调查大学生非常认同辅导员的安全宣讲会对其选择经营性自建房消费产生影响，仅有3.85%的被调查大学生认为辅导员的安全宣讲完全不会对自身选择产生影响。

对大学生在高校周边经营性自建房消费行为影响第四的是房主的安全行为。仅有4.76%的被调查大学生认为房主的安全行为完全不会影响自身消费选择，49.74%的被调查大学生认为房主的安全行为会对自身消费选择产生一定的影响。

对大学生在高校周边经营性自建房消费行为影响第五的是周围人的消费选择行为。17.59%的被调查大学生非常同意周围人的消费选择会对自身产生影响，24.68%的被调查大学生认为他人的消费选择会在一定程度上影响自身的消费选择。

由此可见，相较于政府的安全管理、学校的安全管理和辅导员的安全宣讲，周围人的消费选择和房主的安全行为对大学生的消费选择影响程度更小，这从侧面说明了政府对高校周边经营性自建房的安全监管对于保障校园周边安全非常重要，能够大幅减少大学生在违规的经营性自建房消费。学校的安全管理和辅导员的安全宣讲具有一定的作用，能够影响大学生的周边安全行为。此外，房主的安全行为会直接经营性自建房的安全状态，但大学生对此的敏感度不高，这也说明了大学生对经营性自建房的风险感知不足。

四 面向高校周边经营性自建房风险的学生安全意识

高校周边环境复杂且多变，风险无处不在，若高校学生对经营性自建房安全和学校安全管理有科学正确的安全态度，可有效降低风险事件的发生。

（一）风险认知

关于风险认知水平的调查结果见图5-5。

一是部分大学生对高校周边经营性自建房倒塌可能造成的损失模糊不清，对于房屋倒塌可能造成的经济损失，有12.73%的被调查大学生处于不了解或不太了解的状态，其中2.82%的被调查大学生对此表示完全不了解；对于房屋倒塌可能造成的人员伤亡有15.74%的被调查大学生表示十分了解，但有10.01%的被调查大学生对此表示比较不了解。

二是近一半被调查大学生对高校周边经营性自建房倒塌的可能性和可控制程度一知半解。有35.23%的被调查大学生表示在一定程度上了解房屋倒塌表征到倒塌的可控制程度，3.63%的被调查大学生对此表示完全不了解；36.88%的被调查大学生对房屋倒塌的可能性表示有一定程度上的了解，其中12.34%的被调查大学生认为自己非常了解房屋倒塌的可能性，但有47.70%的被调查大学生对此处于一知半解的状态。

三是1/3的被调查大学生了解高校周边经营性自建房房屋倒塌前的表征，35.57%的被调查大学生表示非常了解或比较了解，仅有3.23%被调查的大学生表示完全不了解房屋倒塌前的表征。

第五章 高校周边经营性自建房安全的调查与分析 / 135

房屋倒塌可能造成的经济损失: 15.83 / 27.74 / 43.70 / 9.91 / 2.82

房屋倒塌可能造成的人员伤亡: 15.75 / 27.89 / 43.48 / 10.01 / 2.87

房屋倒塌表征到倒塌的可控制程度: 12.53 / 22.70 / 47.22 / 13.92 / 3.63

房屋倒塌的可能性: 12.34 / 24.54 / 47.70 / 12.27 / 3.15

房屋倒塌前的表征: 12.04 / 23.53 / 47.98 / 13.22 / 3.23

■非常了解　▨比较了解　■一般　□比较不了解　▩完全不了解

图 5-5　大学生对经营性自建房的风险认知

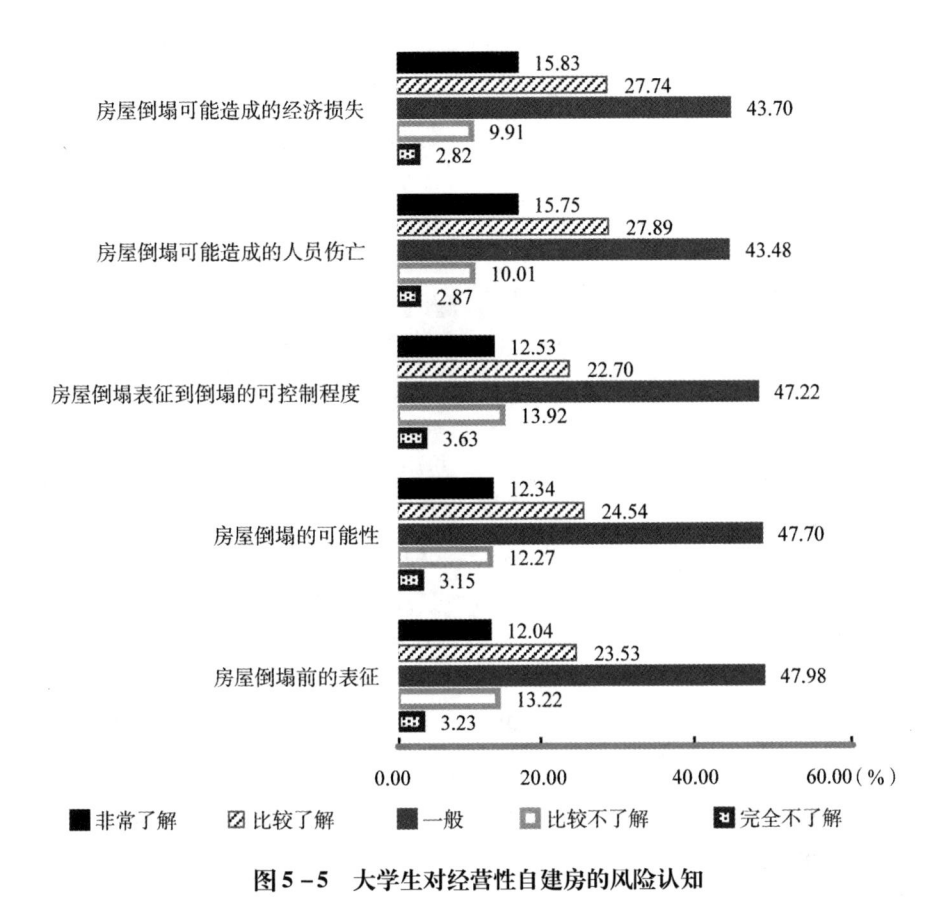

由此可见，大学生对经营性自建房安全风险的认知程度多处于一知半解、模糊不清的状态。当前，大学生周边安全教育较为滞后，多集中于校内安全、电信诈骗等方面，关于校园周边安全知识的内容普及和培训较少，这可能是导致大学生对经营性自建房风险认识不够的原因，使得学生在面临实际的校园周边安全问题时缺乏风险感知能力和应对风险的能力。

（二）安全态度

关于安全态度的调查结果见图 5-6。

一是从安全行为倾向的维度出发，超过 1/3 的被调查大学生支持学校的安全管理和辅导员的安全宣讲。38.68% 的被调查大学生对"学校严

136 / 中国应急教育与校园安全发展报告 2023

图表数据：

学校严格执行安全规章制度给我增加了麻烦
- 非常同意：4.96
- 比较同意：7.41
- 一般：31.56
- 比较不同意：17.39
- 非常不同意：38.68

辅导员排查租房、自建房消费情况给我增加了烦恼
- 非常同意：4.84
- 比较同意：7.30
- 一般：31.26
- 比较不同意：17.92
- 非常不同意：38.68

辅导员频繁地宣讲安全知识给我增添了烦恼
- 非常同意：4.96
- 比较同意：7.12
- 一般：31.17
- 比较不同意：18.31
- 非常不同意：38.44

确保经营性自建房安全是政府的工作，与我无关
- 非常同意：5.37
- 比较同意：8.41
- 一般：34.55
- 比较不同意：21.87
- 非常不同意：29.80

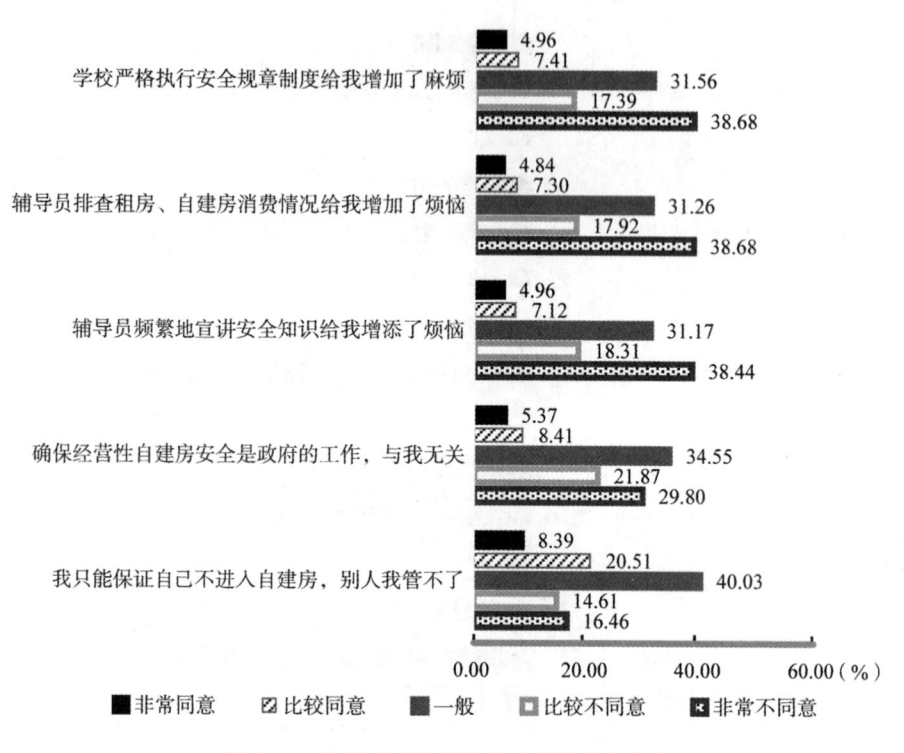

我只能保证自己不进入自建房，别人我管不了
- 非常同意：8.39
- 比较同意：20.51
- 一般：40.03
- 比较不同意：14.61
- 非常不同意：16.46

图 5-6 大学生对经营性自建房的安全态度

格执行安全规章制度给我增加了麻烦"的观点表示非常不认可，只有 4.96% 的被调查大学生表示非常认同；38.68% 的被调查大学生对于"辅导员排查租房、自建房消费情况给我增加了烦恼"的观点表示非常不认同，17.92% 的被调查大学生表示了一定程度上的不认同；仅有 4.96% 的被调查大学生非常认同"辅导员频繁地宣讲安全知识给我增添了烦恼"的观点，38.44% 的被调查大学生对此观点表达了强烈的不认可。

二是从主观安全评价的维度出发，1/3 的被调查大学生不会劝阻他人进入经营性自建房消费。13.87% 的被调查大学生对"确保经营性自建房安全是政府的工作，与我无关"的观点表示了一定的认可，仅有 29.80% 的被调查大学生对此观点完全不认可；有 31.07% 的被调查大学生对"我只能保证自己不进入自建房，别人我管不了"这个观点表示不认可，有 8.39% 的被调查大学生非常认同此观点。

由此可见，大学生对高校周边经营性自建房安全风险持谨慎态度，对学校执行严格的安全制度、辅导员关于经营性自建房消费的排查和安全宣讲并未产生较大的抵触情绪。同时，大部分大学生对经营性自建房的安全状态表示关心，认为保障其安全并非只是政府的工作，这也是大学生具有一定安全意识的体现。但在影响周围人行为这一方面，大学生所体现的积极性明显不足，多认为保障安全是自己的事情，不会采取过多的行动劝解他人。

五 高校周边经营性自建房学生风险应对行为

（一）安全风险防范行为

关于安全风险防范行为的调查结果显示（见图 5-7）：24.90% 的被调查大学生在发现经营性自建房出现安全隐患时，一定会向学校或有关部门报告；25.99% 的被调查大学生在发现经营性自建房出现安全隐患时一定会向老板告知情况并要求修缮，13.13% 的被调查大学生表示不会或者不太会做出此应对行为；仅有 2.76% 的被调查大学生在发现经营性自建房出现安全隐患后表示绝对不会劝说同学在该场所消费，57.67% 的被调查大学生表示在发现经营性自建房出现安全隐患后一定或比较会拒绝在该场所消费。

由此可见，大部分大学生在面临经营性自建房安全风险时会做出积极应对行为，在拒绝在该场所消费和劝说同学不要在该场所消费等较为简便的应对行为上表现出较强的主动性。也有一部分大学生表示会采取向老板告知情况并要求修缮和向学校或有关部门报告等烦琐的应对措施，但相较于个人行动层面的应对措施比例明显降低，说明大学生采取积极应对行为的程度有限。

（二）安全事件事后应对行为

关于安全事件事后应对行为的调查结果显示（见图 5-8）：当社会上出现经营性自建房安全事件时，28.59% 的被调查大学生一定会劝说亲友或同学不要在经营性自建房消费，仅有 2.28% 的被调查大学生表示一定不会劝说亲友或同学不要在经营性自建房消费；50.37% 的被调查大学生表示当社会上出现经营性自建房安全事件后一定或比较会拒绝在经营性自建房消费；仅有 1.72% 的被调查大学生表示在经营性自建房安全事件

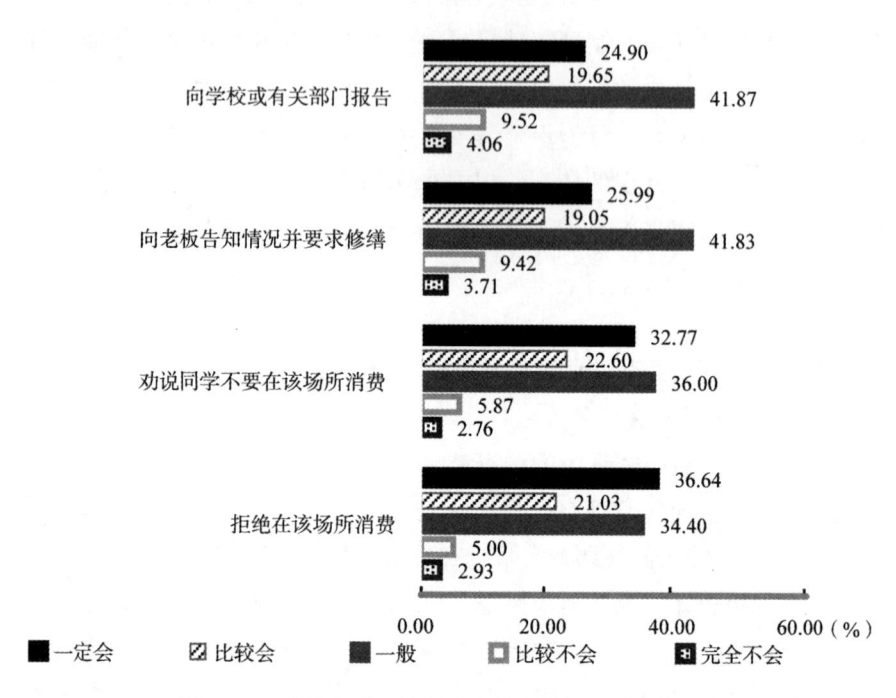

图 5-7　大学生对经营性自建房的安全风险防范行为

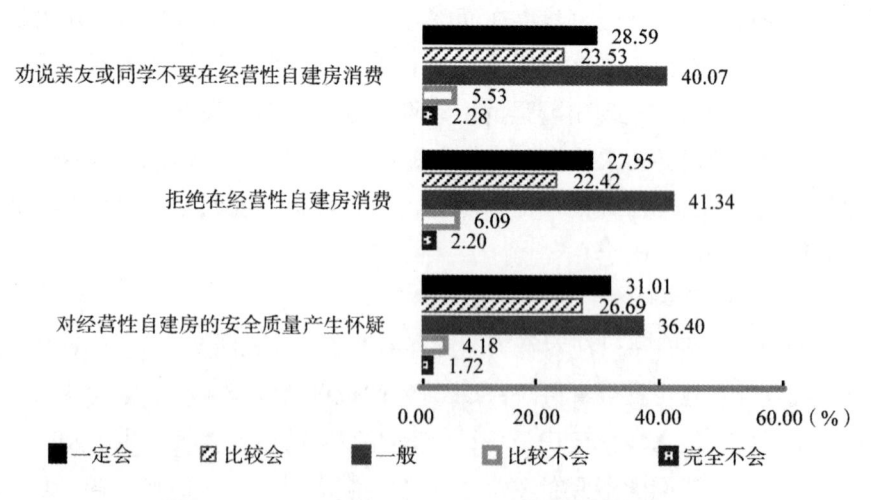

图 5-8　大学生对经营性自建房安全事件的应对行为

发生后仍然不会怀疑经营性自建房的安全质量。

由此可见，针对已经出现的经营性自建房安全事件，大部分大学生会选择采取积极应对行为。此调查结果说明了传播范围广且影响范围较大的典型校园周边安全事件能够对大学生周边安全行为产生影响。

第三节　高校周边经营性自建房治理策略

一　开展高校周边经营性自建房的综合治理

加强高校周边经营性自建房的整治，以此维护校园周边安全是高校校园安全工作的应有之义。但高校周边经营性自建房环境复杂，自建房安全事件防范难度大，并且管理部门涉及范围广，这使得经营性自建房安全工作超出了高校安全管理能力的范围。因此，学校必须协同地方政府和社会力量共同开展对周边环境的综合治理，防范校园周边经营性自建房安全风险。

首先，高校需要落实好安全管理责任，增加对校园周边经营性自建房安全工作人防、物防、技防的投入，建立校内外的经营性自建房的综合安全治理机构，对校园周边经营性自建房的安全状态实行密切关注和监控。同时，要具体关注楼层在3层及以上、违规改扩建等易造成重大安全事故的经营性自建房结构安全隐患，[1]对在校学生高频率前往消费的经营性自建房的行为进行密切注意。另外，也要增强相关安全管理工作人员的风险敏感性和能力素养，提升学校自身对学生面临安全风险方面的感知敏感性和校园周边安全风险防范、化解的能力。

其次，高校在加强自身能力建设、全力保持校园内部环境稳定的同时，也要积极主动地与当地政府保持密切联系，建立校园周边环境综合治理的长效联动机制，分类分级对校园周边经营性自建房经营合法性、结构安全性、建设合法合规性和地质环境安全性[2]等问题进行专项整治，

---

[1]　中国政府网：《全国自建房安全专项整治工作方案》（http://www.gov.cn/zhengce/content/2022-05/27/content_5692543.htm）。

[2]　江苏省人民政府：《经营性自建房公共安全风险评估模型》（http://www.jiangsu.gov.cn/art/2022/6/14/art_34167_10500147.html）。

既遏制校外不安全因素对学校的渗透和影响，又坚决防止校园周边经营性自建房重大安全事故的发生，切实保障校园周边安全。在此过程中，政府各相关部门也要切实履行自身职责，发挥统筹管理和技术信息优势，积极采取应对措施，全面支持、配合高校的安全管理工作，把日常安全监管和自建房安全整治工作落到实处，避免因为基层隐患排查力量不足等造成经营性自建房安全监管缺位的情况发生。

最后，高校也应该整合社会各界的力量，构建高校与社会各界的交流与沟通平台，联合外界力量进行安全隐患排查，进一步完善风险防控措施，要求存在安全隐患的经营性自建房停业整改。社会力量的参与既可以降低高校整治校园周边经营性自建房安全的成本，也可以缓解经营性自建房安全事件在广大师生中产生的消极作用，起到稳定校园、恢复秩序的作用。[①]

二　完善校园内部公共服务供给

高校校园周边经营性自建房安全管理问题的复杂性在很大程度上来源于大学生和校园周边自建房的经营主体等社会群体的互动交集。当代大学生具有需求多样、消费能力较强的特点，这些特点成为校园周边各种经营业态自建房活跃的主要驱动力，周边环境提供的丰富多样的商品和服务也满足了大学生日常生活所需。从这一点来看，高校校园周边经营性自建房安全工作的开展不仅需要高校对外做好监督和治理工作，更需要不断完善校内建设，缩小校内公共服务供给和学生生活需求的差距，通过降低大学生校外消费的频率，来减少大学生暴露在校外娱乐场所、生活场所等不安全环境中的可能性。

一方面，学校需要加强校园内部基础设施建设，为大学生提供方便舒适的生活环境。当前部分高校由于建校时间早，导致现有的公共基础设施存在普遍老、旧、坏、损的情况，难以满足大学生日常生活的需求，使得学生倾向校外消费。为此，高校应切实对校内公共基础设施进行改造，例如对校内学生宿舍软硬件进行改造，为学生提供优良的学习和居住条件，降低学生外出至非正规场所租住的可能性。

[①] 朱晓斌：《美国学校危机管理的模式与政策》，《比较教育研究》2004年第12期。

另一方面，学校也需要不断优化与学生日常生活需求紧密相关的公共服务，尤其是与饮食相关的基础生活服务。例如，丰富食堂饭菜的种类和口味满足不同学生的需求；规范食堂、超市等校内经营场所的商品消费价格，降低学生消费成本；延长食堂及其他营业场所的营业时间，全方位考虑不同学区学生的生活便利程度。此外，高校后勤职能部门需要积极加强与学生的沟通交流，及时通过学生服务社团、学生会、辅导员等深入了解学生的学习和生活需求，同时畅通线上沟通渠道，密切与学生的联系，多方位倾听学生对当前学校所供给服务的意见和建议。

三 积极开展经营性自建房安全教育

当代大学生群体多为"90后"和"00后"，他们大部分都成长于较为舒适和单纯的环境中，涉世未深，社会经验积累不多，因此，自我保护和安全风险防范意识较为薄弱，对于高校周边自建房环境可能存在的安全隐患问题和经营性自建房安全风险的分辨能力和处理能力都比较弱。学生作为安全保障的主要"责任人"和重要"影响者"，其自身的安全意识和安全技能将对所采取的风险应对行为产生深远影响。因此，加强大学生关于经营性自建房安全的风险表征、风险类型、应对行为等的安全教育，增强大学生自身的安全意识和提升大学生应对和处理突发经营性自建房安全事件的能力，是高校校园周边经营性自建房治理工作的当务之急。

首先，学校必须首先统筹好校园周边安全教育工作，明晰各类型的经营性自建房安全风险，建立各部门分工合作、责任到人、横向到边、纵向到底的安全教育长效机制。通过充分利用思想政治教育阵地作用和工作优势，将学校校园周边安全规章制度等方面的内容融入常态化的安全教育工作，提升大学生安全意识。调动大学生的主观能动性，激励大学生主动地参与经营性自建房安全教育活动，自主地吸纳校园安全知识，自觉抵制周边不良环境的影响。

其次，由于高校周边环境复杂多变且各有差异，学校应该结合校园经营性自建房安全风险的因素变化和特点，创新经营性自建房安全教育活动开展的形式和内容，例如，通过以网络、课堂、讲座、海报宣传经营性自建房风险的表征和基础的房屋安全知识，或组织学生参加安全知识竞赛、安全实践活动等形式，加强建设平安校园文化氛围。在开展校园周边安全教育活动时，还需要考虑学生个人因素，面对大学生安全意识和行为存在的性别差异，需要辅导员和教师采取不同的教育内容和方式，从而实现安全教育的效用最大化。

最后，学校需要重视对大学生进行专业化逃生技能的培训，提高大学生面对经营性自建房安全事件时的自救互救能力以及突发状况的应急处置技能，达到大学生自我教育、自我管理、自我保护的目的。一方面，充分发挥高校内各种社团组织在开展技能培训和安全意识教育的作用，例如通过成立大学应急救护协会开展大学生基本急救知识的学习和专业急救技能的培训活动，使大学生掌握伤口包扎、紧急避难、心肺复苏等应急救援必备技能。另一方面，也要充分发挥政府部门和社会主体的力量，有针对性地开展消防安全等各类专题活动，通过安全宣传、安全联防、应急演练等各项具体的活动，将安全技能渗透到学生的实践中，使得学生真正掌握安全技能，在面对房屋垮塌、起火等突发事件时采取科学的积极应对行为。

四 健全校园周边安全管理制度

当前部分高校对学生在校园周边经营性自建房消费行为的管理和规范力度不够，存在一些学生流连校园周边具有安全风险的经营性自建房场所、一些大学生明确认知到经营性自建房安全风险却不采取科学应对的现象，这是高校校园周边经营性自建房治理工作需要全力避免的。为此，学校应健全学生校园周边安全管理制度，加强对学生在经营性自建房消费行为的规范和监督，警惕校园周边经营性自建房安全风险演变为经营性自建房安全事件。

一方面，学校需要因地制宜制定符合本校周边经营性自建房环境特点的大学生周边消费管理规范。为了保障校园周边安全，近年来一些高校管理部门相继出台了关于校园周边安全的规定，但在实践中，这些制度、规范难以对现实具体情况进行有效指导，导致对大学生在周边消费、外宿等情况的管理效果不佳。需要明确的是，不同的学校位置和周边环境会导致各高校面临的周边安全风险和学生安全行为存在差异。因此，学校必须根据本校自身实际情况和具体的校园管理经验，在吸取各类校园经营性自建房安全事件的教训后,制定具体化、可操作的校园周边消费的规章制度。

另一方面,学校在制定周边安全管理制度的基础上,必须建立一套行之有效、全面科学的学生安全行为评估体系,定时定期对学生校内需求满足情况、校外消费情况、周边安全行为等内容跟进记录,依据学生在校园周边经营性自建房消费的行为特征,明确经营性自建房的安全风险防控的关键因素和学生在经营性自建房消费的需求,科学有效地规范大学生校外消费和安全行为,使得大学生对经营性自建房安全风险的感知转化为积极的风险应对行为。

第六章

高校交通安全的调查与分析

党的二十大报告提出"我们要坚持以人民安全为宗旨、以政治安全为根本、以经济安全为基础、以军事科技文化社会安全为保障、以促进国际安全为依托，统筹外部安全和内部安全、国土安全和国民安全、传统安全和非传统安全、自身安全和共同安全，统筹维护和塑造国家安全，夯实国家安全和社会稳定基层基础，完善参与全球安全治理机制，建设更高水平的平安中国，以新安全格局保障新发展格局"[1]，作为社会安全的重要组成部分，校园安全直接关系到社会稳定，受到社会的广泛关注，受到国家和政府的高度重视，平安校园建设成为平安中国建设的应有之义。近年来，由于城市机动化交通迅猛发展，加之学校规模的迅速扩张，校园内及校园周边的恶性交通事故开始增多，给学校师生的生理和心理带来了极大的伤害，造成了消极的社会影响，负面信息在网络媒体下迅速传播，给校园交通安全管理工作敲响了警钟。校园交通安全已经成为"平安校园"建设所面临的严峻挑战之一，是学校以及政府必须面对和解决的问题。

其中，高校交通安全是最值得重视的。相较于中小学校园，高校校园既存在相对封闭独立的管理特征，又呈现出一定的开放性，与社会密切联系，外界人员、车辆等容易进入高校，加剧了高校交通安全的脆弱性。本章将聚焦高校交通安全这一话题，通过对高校交通安全现状、高校学生交通安全意识与态度现状、高校学生不安全校园出行行为的调查，

---

[1] 习近平：《高举中国特色社会主义伟大旗帜　为全面建设社会主义现代化国家而团结奋斗——在中国共产党第二十次全国代表大会上的报告》，人民出版社2022年版，第52—53页。

分析当前高校交通安全管理存在的问题与不足，为提高高校学生风险意识，防范和化解校园交通安全风险，推动平安高校建设提出针对性建议。

第一节　高校交通安全概述

一　高校交通安全的定义

2021年修订的《中华人民共和国道路交通安全法》明确，"交通事故"是指车辆（机动车和非机动车）在道路（公路、城市道路和虽在单位管辖范围但允许社会机动车通行的地方，包括广场、公共停车场等用于公众通行的场所）上，因过错或者意外造成的人身伤亡或者财产损失的事件。交通安全在广义上是指人们在道路上活动时，要遵循交通法规的规定，安全地出行、驾车，避免发生人身伤亡或财物损失。我国已全面步入汽车社会，道路交通安全因素愈加复杂，绝对的交通安全是不存在的，这也就意味着人或物遭受损失的可能性是可以被接受的，若这种可能性超过了可接受的水平，即为不安全。因此，交通安全在狭义上可以理解为道路交通安全，即在步行、驾车等道路交通活动中将人身伤亡或财产损失控制在可接受水平内。

校园交通系统是一个由使用者、交通设施与外部环境共同构成的有机整体，其中多因素相互联系、相互依赖、相互作用，[①] 任何一个因素的变化都会影响到整体系统。依据地理位置划分，校园交通安全包括校园内安全和校门口的安全。由此，高校交通安全是指高校师生在校园内及校门口道路交通活动中的人身安全。其中，高校校园内的交通安全主要指师生在校内各路段步行、骑行及驾驶时，落实校园交通安全规定，防范交通事故。诸多高校除主校区外，还设有分校区，校园面积大、范围广，在人员、车辆、路段、环境等多重因素的交错影响下，校内交通安全隐患凸显。高校校门口的安全是指师生在校园出入口的人身安全。高校校园出入口大多临近外界主干道，人流、车流量大，交通环境更为复杂，是交通事故高发场所之一。显而易见，高校交通安全问题是一个综

---

① 章群、段理慧：《高校校园交通安全管理质量模糊综合评价系统研究》，《软科学》2011年第7期。

合性治理难题，涉及道路交通网络、建筑设计布局、校园交通使用群体偏好、交通高峰期道路资源调配等多方面的因素。因此，寻求有效的高校交通安全管理方式、方法，形成良好校园交通秩序，对于建设更高水平的平安高校至关重要。

二 高校交通安全的特征

（一）交通系统的复杂性与脆弱性

首先，校园交通系统是一个复杂系统，涉及人、车、道路、设施等因素，各因素之间密切关联，不可分割。且各因素存在多种状态，在不同场域、不同组合下会产生不同的后果，从而呈现出高度的复杂性。在当前社会背景下，校园及周边交通环境日益复杂，人与交通环境的互动也表现出新特点和新趋势。其次，物的状态是客观的、静态的和可控的，而人的行为是主观和动态的，较难控制。人的安全行为至不安全行为、物的安全状态至不安全状态的转化均具有较强的偶然性与突发性，往往难以预测。人的行为是安全的，而物却处于不安全状态，如人在不平整道路上行走、车辆在坑洼路面行驶等；或物处于安全状态，而人的行为不安全，如在道路中央行走、在人行道上骑车等，均会导致不安全的后果。据统计，2022年度全国道路交通事故万车死亡人数1.46人，[①] 事故伤害性强。在高校道路交通事故中，事故后果集中表现为人员伤亡、公共物品破坏、财产损失等，可见处于学校管理薄弱环节的高校交通安全，具有较强的脆弱性。

（二）人车矛盾持续升级

截至2022年11月底，全国机动车保有量达4.15亿辆，其中汽车保有量达到3.18亿辆；机动车驾驶人数超过5亿人，其中汽车驾驶人达到

[①] 中华人民共和国中央人民政府：《中华人民共和国2022年国民经济和社会发展统计公报》（https://www.baidu.com/link?url=-sECE8Nflaw9p3R6jHSydyrlaLgTBKLwKfaVjN4Y4-NW3Z8bQ0m7eto-vdLbbnYZILwkxn___sHVOJVuEwFU1SEr8MmdOdQLHda3ty3_yOgC&wd=&eqid=d475b8fb002b14b20000000664310344）。

4.63亿人。[①]与此同时，电动车也逐渐开始取代自行车，成为越来越多民众日常出行的交通工具，交通出行结构发生根本性变化。这一变化在高校也得以充分体现，教师拥有机动车的总量快速持续增长，停车场地却受限于校园面积无法扩张而未能同步扩大，校内路面机动车随处可见，加之驾驶人员技术水平参差不齐，对校园交通安全构成较大威胁。在高校的开放式管理模式下，网约车司机、快递员、外卖骑手等校外人员自由、频繁出入校园，这类人员因工作性质而追求高速度和高效率，与之相伴的便是在校内行车为赶时间而漠视交通规则、高速行驶、不礼让行人等。同时，很多高校因历史遗留问题，校园内仍保存有居民楼，居住有大量非校内师生的社会人士，人员、车辆的流动性进一步加剧了高校交通安全的潜在风险。在广大学生群体中，有电动车的学生的比例逐渐攀升，相较于此前的自行车，电动车在驱动力、行驶速度、便捷性等方面具有明显优势，备受学生青睐。由此导致在上下课时间，骑着电动车在校园内来回穿梭的学生络绎不绝，高峰期的人车矛盾尤为突出。虽部分高校规定学生骑电动车时要佩戴安全头盔、礼让行人，但鲜少列入校园管理规定，强制性管理规定的缺失难以对学生行为进行有效规范。此外，校园停车场地供不应求，乱停乱放现象严重。持续升级的人车矛盾对高校交通安全管理提出了更高要求。

（三）事故致因多元化

在传统的高校交通安全事故中，交通活动参与人员安全意识薄弱，学生潜意识中认为开车者不会撞人，行走期间打闹者较多；交通设施落后，校园内及校门口没有提示减速慢行的标识、没有监控探头或安装了仅作为摆设，有的甚至没有人行道；车多、人多、车速快，易酿成事故。这些事故诱发因素仍旧存在，而在信息化时代下，手机等电子产品已经侵入每个人的方方面面。在高校校园内，学生步行时使用手机或佩戴耳机，骑自行车或电动车的过程中分心查看手机，教职工等机动车司机也

[①] 中华人民共和国中央人民政府：《4.15亿辆、超5亿人！我国发布最新机动车和驾驶人数据》（https：//www. baidu. com/link? url = IeOxPni85oAIh – hEFeB2MJv7 – XC43LwMfG_mYhF3 – uxMk5uqV7RMTLl6tyXOIZUKcIVv3c7tpGIHNUg9Fuc3MJUiSBCilEi5kgXTzofGVX7&wd = &eqid = d21bdd77000181db000000066431028e）。

存在"盲驾"现象，不注意路况，这已经成为高校交通安全事故的重要致因之一。除此之外，在共享经济兴起与壮大的现实情景下，近年来全国各地的高校引入了共享自行车、共享电单车，甚至还有高校推出了共享汽车，为校内师生出行提供便利，教职工与学生的校内交通出行方式随之调整，更趋向于选择以骑行取代步行，多元化的出行方式使得非机动车之间、非机动车与机动车之间、非机动车与人之间的冲突更加激烈，导致高校交通安全事故的发生概率提高。

第二节　高校交通安全典型案例分析

一　北京 B 大学 Z 学院交通事故[①]

（一）案例过程

2018 年 5 月 14 日 13 时 28 分，北京 B 大学 Z 学院教工餐厅前环岛发生一起校园电瓶车与自行车相撞的交通事故，致使一名学生受伤。经医院诊断，学生有明显皮外伤。

（二）案例分析

通过对北京 B 大学 Z 学院交通事故进行事故分析可知，造成该事故的原因主要包括以下三个方面。

一是校园电瓶车未采取紧急措施。校园电瓶车从一侧驶来，车速较快，遇到骑行学生进入环岛直行的紧急情况时，判断力与反应力不足，未能及时刹车停下，导致骑行学生被撞飞。

二是学生骑行自行车进入环岛未靠边减速。在临近环岛路段，该学生仍旧保持高速骑行，进入环岛路口后，试图抢行至环岛内侧以快速穿行环岛，未关注到左侧驶来的电瓶车，导致与其相撞，人与车被碾轧在电瓶车下。

三是环岛设计的道路状况复杂，道路警示标识不足。此案例事发时

---

① 中国青年网:《北京 B 大学 Z 学院校内发生一起电瓶车与自行车交通事故　一学生受伤》(https://www.baidu.com/link?url=k41lyUGaNIQiol0KCbNaWDaCfYy-Rf_aXivG7JZTzgxzc-JYvA35L7tSQM3WSwkyHymOiDHdXuPQ3iMN71X4oXOJbZEfEczn-91ndnjnxe2u&wd=&eqid=e9ad6447000af5da000000066430ce75)。

还有另外一名学生骑自行车靠内侧逆行，影响了电瓶车驾驶员的判断。环岛路段车辆多方汇入与流动，路况复杂，交通参与主体难判断，警示标识的缺失降低了交通参与人员的警惕性，从而导致事故的发生。

二 辽宁 D 大学交通事故①

（一）案例过程

2020 年 12 月 30 日，辽宁 D 大学校内发生一起严重交通事故。事发当日为雨雪天气，道路积雪结冰，涉事司机为学校教师，造成一名学生身亡。

（二）案例分析

通过对辽宁 D 大学交通事故进行事故分析可知，造成该事故的原因主要包括以下两个方面。

一是教师驾车超速。事故发生于该校有朋路的转弯处，校内限速为 20 千米/小时，而据媒体报道，该名教师当时车速疑似达到 70 千米/小时。且当天下雪，恶劣的天气条件对驾车人员提出了更高要求，该教师却并未关注特殊天气的出行安全，车速相对较快，未减速慢行，最后造成了悲剧发生。

二是学校对于特殊天气的交通风险防控不到位。从安全的角度出发，学校在雪天应及时清理路面积雪，道路积雪结冰后应在结冰路段设置交通指示牌，提醒交通参与主体小心谨慎、安全出行，或要求车辆行驶加装防滑链，以最大限度防范交通事故。在此案例中，学校在特殊天气下并未采取有针对性的风险防控措施。

三 北京 D 大学交通事故②

（一）案例过程

2021 年 9 月 5 日 8:45，北京 D 大学一名学生在某快递货车倒车时被

---

① 光明网：《辽宁 D 大学通报学生校内被撞身亡：涉事司机为我校教师》（https：//www. baidu. com/link？ url = AZ0_08BlEYeCnC9FQk3QF3zNUbNg0FJIy5YDki9JWnVQ1opbMMo-Zo8BPZa08csPTX－LT-TEbq6Mn7nfZI5FIO5ZvmcjGN9UqkzlgSCGO5Z0e&wd = &eqid = ccc39f6700-1142c0000000066430db52）。

② 光明网：《北京 D 大学一女生被快递车碾压身亡》（https：//www. baidu. com/link？ url = 08DA9qPQyeWmgK3GLkdtJ-kune3sfJgImT0B7Ky08AqyMeYJR3dQtDr00W5noerFaoEXO80dBnNZf-Mi-UigWU-TjE2MEsnLKrnvGCYXUxmK&wd = &eqid = ab93485c001dde8c000000066430f0cc）。

碾轧，造成重伤。学校保卫处于 8∶50 接到校园报警电话后，立即启动校园突发事件应急预案，保卫处老师和校园巡逻队员于 8∶53 赶到现场。校医院医生于 8∶55 赶到现场抢救。9∶06 交警大队车辆赶到现场。"120"救护车于 9∶08 赶到现场，在进行初步救治后，学生被抬上救护车送至医院急诊抢救，学校于 10∶14 电话通知学生家长。令人痛心的是，该生于当晚 20 时左右经抢救无效死亡。

（二）案例分析

通过对北京 D 大学交通事故进行事故分析可知，造成该事故的原因主要包括以下两个方面。

一是快递货车司机安全意识较差。该快递货车为大型厢式车，驾驶员在驾驶过程中应高度警惕周边车辆与行人，在倒车的时候应当确认后方情况，明确无行人或其他隐患后才可以进行倒车操作。在此案例中，快递货车司机在倒车时忽视了车后面的状况，未留意到有学生从车后经过，最终造成了惨痛后果。

二是学校机动车管控存在漏洞。对于快递货车等大型机动车，学校要严格管理与监控，在人流量大的路段、转弯等处设置严格的限速标志。北京 D 大学女生较多，为给同学们提供便利，该校的快递点、快递柜均靠近女生宿舍楼。此案例中的事发地紧邻学校快递点，而涉事路段未见限速标志，且未明确规定大型机动车的通行路线等，学校监管责任的缺失使得风险隐患爆发，留下惨痛教训。

四　湖南 S 学院交通事故[①]

（一）案例过程

2022 年 9 月 7 日，张姓教师驾驶小车在湖南 S 学院内行驶时，因操作不当，与停放在路边的小车及行人碰撞，造成 2 人受伤、3 车受损。经检测，已排除肇事司机毒驾、酒驾嫌疑。

（二）案例分析

通过对湖南 S 学院校内交通事故进行事故分析可知，造成该事故的

---

① 央视网：《湖南 S 学院校内发生交通事故，警方：肇事司机已被控制》（https://news.cctv.com/2022/09/07/ARTIHEDGIf6qyXamchjBvWx3220907.shtml）。

原因主要包括以下两个方面。

一是教师驾车水平欠佳。校园中学生数量多，道路上人员密集，且校内没有交通指示灯，学生出于校内相对安全的认知，在校内出行时较为随意，这对于在校内驾车人员的技术水平与应变能力提出了较高要求。在此案例中，教师开车撞了路边停放的车辆后，不仅未刹车停下，还推动着车辆向前走了一段，随后冲撞多名学生，最后撞到树上，树杈被撞断，车底下还有被撞倒的学生。若没有树逼停，可能还会继续撞人，甚至出现更可怕的后果。

二是学校未实现人车分流。基于早期校园规划，校园道路宽度有限，未设置独立的人行道，导致行人需要与车辆使用同一道路空间资源。与此同时，校内停车场地承载力不足，导致本就狭窄的道路两侧还密集停放了大量机动车，进一步缩小了道路的活动空间，容易出现行人与车辆拥挤抢行的现象。在此案例中，车辆失控后先后碰撞多辆机动车，并推动其他机动车相继撞倒多位行人。没有道路分隔护栏或绿化带的缓冲，连环撞击造成了人员受伤、财产损失等严重事故后果，也给事故目击者及校内师生带来强烈的心理冲击。

第三节　高校交通安全现状

一　问卷调查的样本概况

为了解目前高校交通安全的现状，把握高校学生校园出行存在的风险，我们围绕高校交通设施与交通安全管理、高校学生交通安全风险感知与行为意愿、不安全校园出行行为等多个方面设计调查问卷，并依次展示问卷调查结果，以期为高校实施交通安全管理、防范校园交通事故提供数据支撑与对策建议。调查问卷通过网络调查平台面向高校学生进行发放，共回收问卷415份，剔除无效问卷后，有效样本为378份，有效率91.08%。调查样本基本特征分布情况如表6-1所示，男生占被调查对象总人数的28.8%，女生占被调查对象总人数的71.2%。24.9%的被调查者来自"211""985"高校，38.6%的被调查者来自"211"非"985"高校，6.1%的被调查者来自非"211"、非"985"的"双一流"高校，30.4%的被调查者来自普通高校，调查样本涵盖理工类（38.9%）、社科类（37.0%）和人文类（24.1%）专业。其中，本科生占被调查对象总人数的58.7%，硕士生占被调查对象总人数的30.2%，博士生和大专生分别占被调查对象总人数的6.6%和4.5%。

表6-1　　　　　　　　　　样本特征分布描述

变量	选项	频率	百分比（%）
性别	男	109	28.8
	女	269	71.2
学校	"211""985"高校	94	24.9
	"211"非"985"高校	146	38.6
	非"211"、非"985"的"双一流"高校	23	6.1
	普通高校	115	30.4
学科	理工类（理工农医）	147	38.9
	社科类（经管法教）	140	37.0
	人文类（文史哲艺）	91	24.1
学段	专科生	17	4.5
	本科生	222	58.7
	硕士研究生	114	30.2
	博士研究生	25	6.6

二　高校交通安全现状

（一）交通设施的安全程度

为了解高校交通设施的安全程度，我们从道路建设、道路配套设施、停车场地供给三方面开展调查，具体设计了道路路面、路灯、减速带、停车场地等相关题项。

高校道路建设的基本情况方面，调查显示：（1）学校的道路宽度限制了人车分离的实现。22.5%的接受调查的高校学生不认同学校的道路宽度能有效实现人车分离，其中6.6%的高校学生表示非常不认同，29.1%的同学对道路宽度是否能够有效实现人车分离持中立态度。（2）学校的道路平整程度尚可。16.1%的接受调查的高校学生认为学校的道路路面不平整，但是，在接受调查的高校学生中，认为学校道路比较平整、非常平整的人数分别占比45.2%、20.2%。（3）学校坡度大的路段较多。57.4%的接受调查的高校学生认为学校坡度大的路段多，其中表示非常认同的高校学生占比 22.5%，还有 18.3% 的同学对学校道路坡度情况不置可否（见图 6-1）。

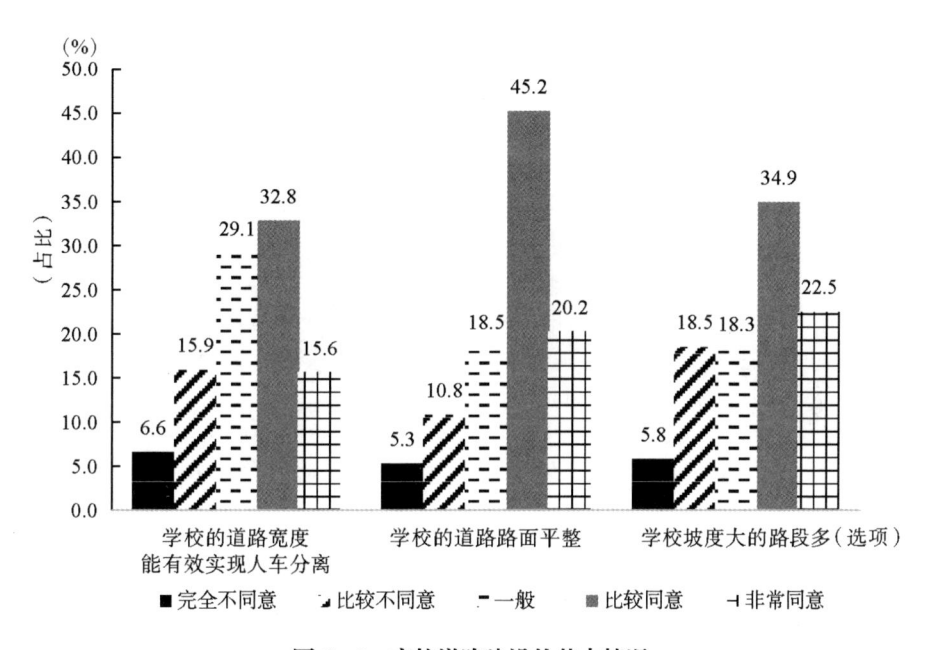

图 6-1　高校道路建设的基本情况

高校道路配套设施的调查结果表明：（1）学校的道路减速带位置设置尚可。14.8% 的接受调查的高校学生不认同学校的道路减速带的位置设置，其中 3.7% 的高校学生表示非常不认同，但是，在接受调查的高校学生中，认为学校的道路减速带的位置设置比较合理、非常合理的人数分别占比 37.0%、18.3%。（2）学校道路夜间照明情况不容乐观。50.0% 的接受调查的高校学生认同学校夜间照明不清路段数多，其中 18.5% 的高校学生表示非常认同，还有 30.4% 的同学认为学校道路夜间照明情况一般（见图 6-2）。

在高校停车场供给方面，学校停车场地的建设与学生的日常需求还有偏差。虽然 48.4% 的接受调查的高校学生认为学校的停车场地能满足日常需求，但是 22.2% 的接受调查的高校学生不认同学校的停车场地能满足日常需求，其中 6.9% 的高校学生表示非常不认同，还有 29.4% 的同学对停车场地是否能满足日常需求不置可否（见图 6-3）。

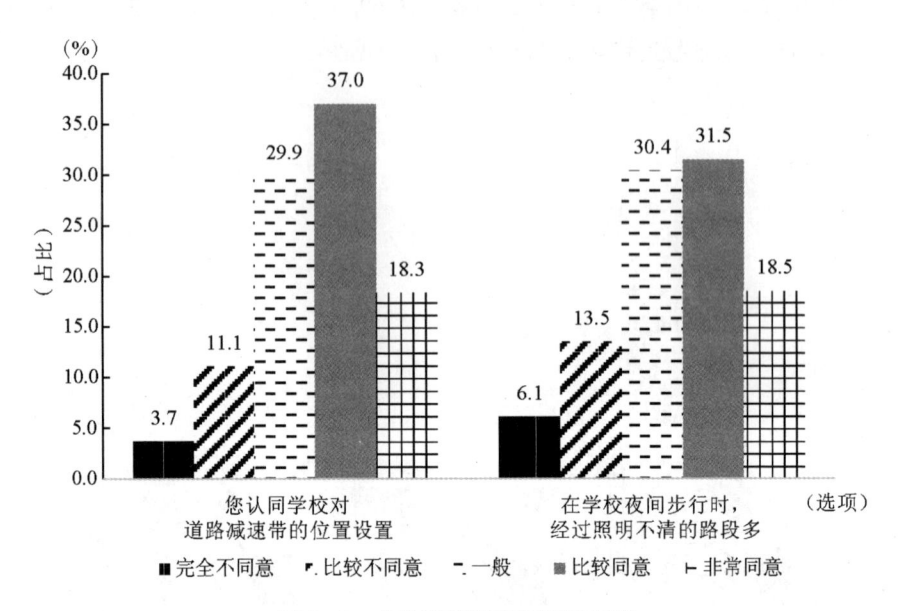

图 6-2　高校道路配套设施的情况

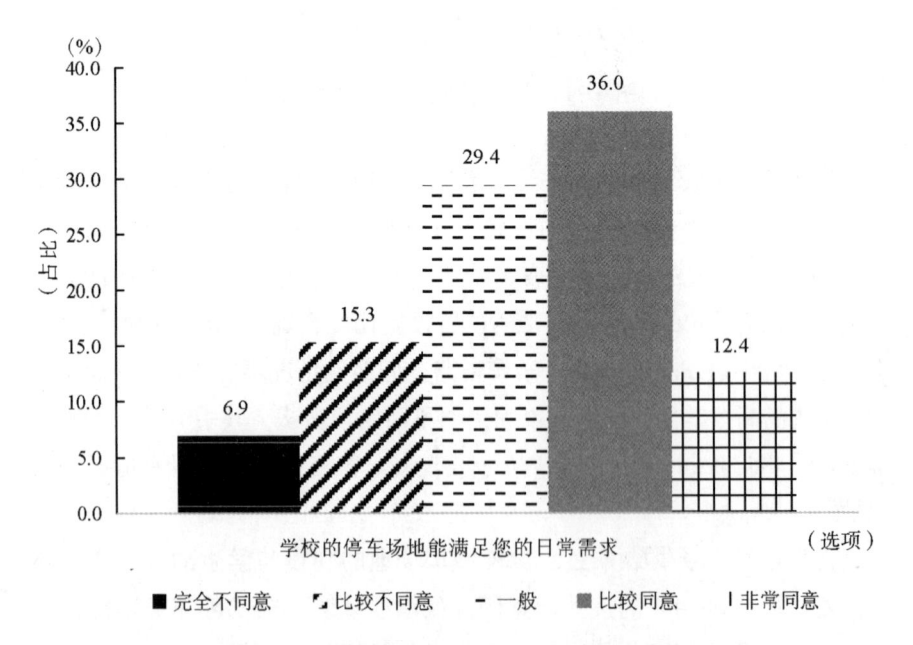

图 6-3　高校停车场地满足学生需求的情况

(二) 交通安全管理现状

我们通过调查高校交通安全制度作用发挥情况、交通安全教育活动实施情况、交通安全秩序维护情况来了解高校交通安全管理现状。

高校交通安全制度的作用发挥情况方面，调查表明：（1）校园交通安全管理制度对学校交通秩序的维护尚可。8.4%的接受调查的高校学生认为校园交通安全管理制度对维护学校交通秩序的作用小，其中1.3%的接受调查的高校学生表示作用非常小，然而，在接受调查的高校学生中，认为校园交通安全管理制度对维护学校交通秩序的作用比较大、非常大的人数分别占比38.1%、21.2%。（2）校园交通安全事故处罚制度对学校交通秩序的维护尚可。13.8%的接受调查的高校学生认为校园交通安全事故处罚制度维护学校交通秩序的作用小，其中4.0%的接受调查的高校学生表示作用非常小，但是，在接受调查的高校学生中，认为校园交通安全事故处罚制度维护学校交通秩序的作用比较大、非常大的人数分别占比32.0%、28.3%。（3）校园交通安全管理制度对高校学生校园生活的影响程度一般。15.4%的接受调查的高校学生认为校园交通安全管理制度对校园生活的影响程度小，其中4.8%的接受调查的高校学生表示影响程度非常小，尽管如此，在接受调查的高校学生中，认为校园交通安全管理制度对校园生活的影响程度比较大、非常大的人数占比分别达33.1%、29.6%。（4）校园交通安全事故处罚制度对高校学生校园生活的影响程度相比前三项有更大提升空间。18.2%的接受调查的高校学生认为校园交通安全事故处罚制度对校园生活的影响程度小，其中5.5%的接受调查的高校学生表示影响程度非常小，25.7%的接受调查的高校学生对校园交通安全事故处罚制度对校园生活的影响程度不置可否。总的来说，高校学生认为校园交通安全管理制度和校园交通安全事故处罚制度对学校交通秩序的维护作用更大，对自身校园生活的影响程度则略低。此外，我们发现在作用发挥情况方面，校园交通安全管理制度要优于校园交通安全事故处罚制度，校园交通安全相关制度的效能还有待进一步提升（见图6-4）。

在高校交通安全教育活动实施情况方面，开展交通安全教育活动的频率仍需提高。尽管42.1%的接受调查的高校学生认为学校开展交通安全教育活动的频率高，却仍有24.0%的接受调查的高校学生认为学校开展交通安全教育活动的频率低，其中7.1%的接受调查的高校学生表示频

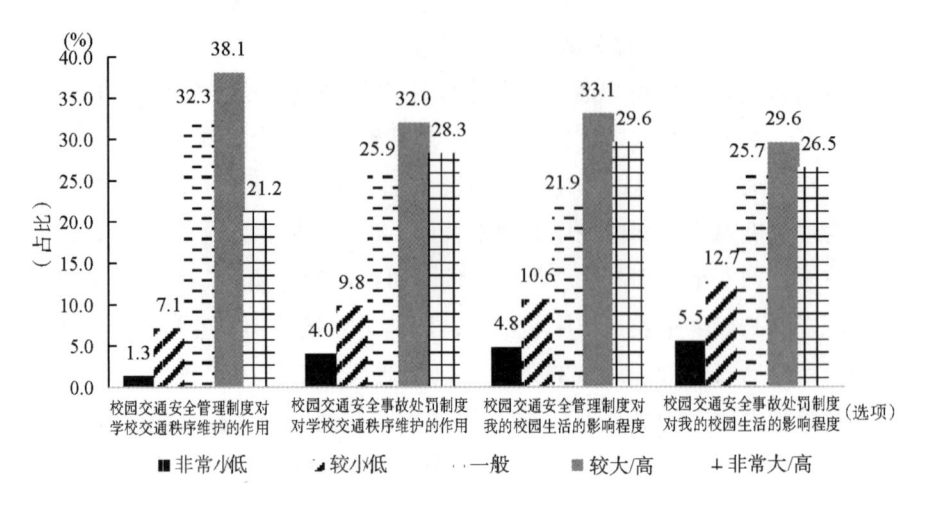

图 6-4 高校交通安全制度作用发挥现状

率非常低,还有33.9%的接受调查的高校学生认为学校开展交通安全教育活动的频率一般(见图6-5)。

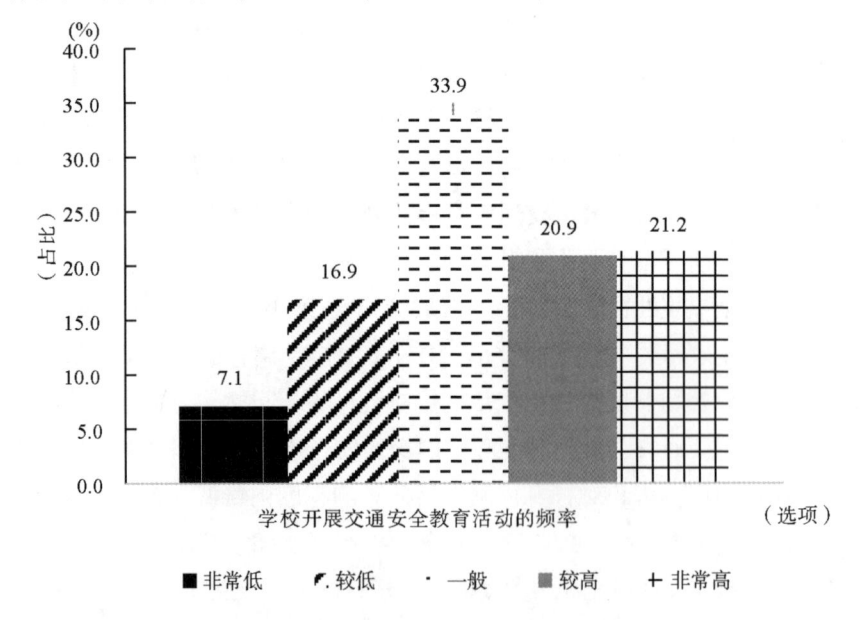

图 6-5 高校交通安全教育活动实施现状

在高校交通安全秩序维护情况方面,从调查数据来看:(1)学校在上下课等高峰时段的交通安全秩序维护不足。27.7%的接受调查的高校学生不认同学校上下课等高峰时段有专门人员维护交通安全秩序,其中8.4%的接受调查的高校学生表示非常不认同,25.4%的接受调查的高校学生对学校上下课等高峰时段是否有专门人员维护交通安全秩序不置可否。(2)学校定期对校内乱停乱放的车辆进行规整的情况较好。10.6%的接受调查的高校学生不认同学校定期对校内乱停乱放的车辆进行规整,其中2.4%的接受调查的高校学生表示非常不认同,但是,在接受调查的高校学生中,认为学校定期对校内乱停乱放的车辆进行规整情况比较好、非常好的人数分别占比42.6%、24.3%。(3)学校对外来人员车辆进行严格管理的情况较好。在接受调查的高校学生中,认为学校对外来人员车辆进行管理比较严格、非常严格的人数分别占比37.0%、33.1%,但还有11.1%的接受调查的高校学生不认同学校对外来人员车辆进行严格管理,其中4.2%的接受调查的高校学生表示非常不认同(见图6-6)。

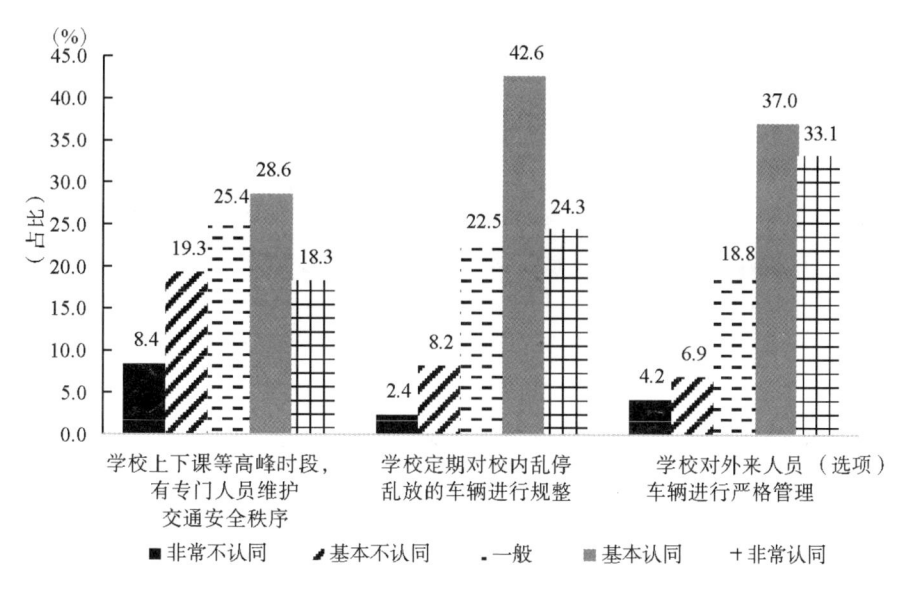

图6-6 高校交通安全秩序维护现状

(三)校园交通规则的遵守现状

周边老师与同学对于校园交通规则的遵守情况也是高校交通安全现状的重要体现。数据结果显示:(1)学生个人大多认为校内同学是遵守校园交通规则的。6.7%的接受调查的高校学生不认同校内同学按交通规则出行，其中1.9%的高校学生表示非常不认同，但是，在接受调查的高校学生中，比较认同、非常认同校内同学遵守校园交通规则的人数占比分别为44.7%、24.3%。（2）较多学生发现老师也存在不遵守校园交通规则的行为。17.7%的接受调查的高校学生未发现老师存在不遵守校园交通规则的情况，其中4.5%的高校学生表示完全未发现，然而，在接受调查的高校学生中，发现老师存在不遵守校园交通规则的人数占比高达44.9%（见图6-7）。

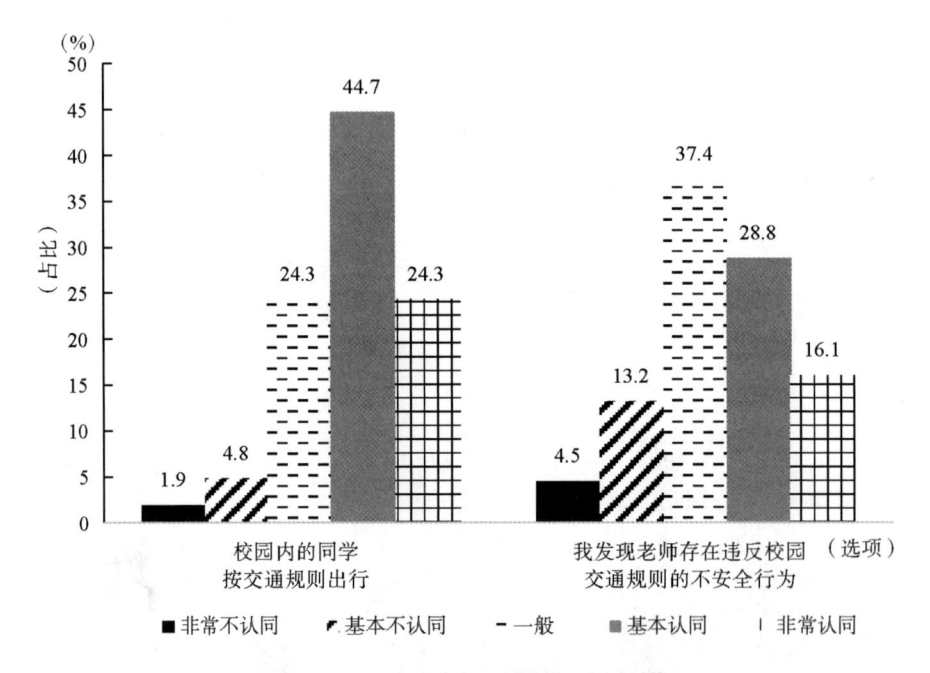

图6-7 师生遵守校园交通规则的现状

三 高校学生交通安全意识与态度现状

交通安全意识的强弱决定了交通参与者能否规范地参与交通活动，这也是与人相关的交通事故的深层次诱因。[①] 通过梳理既有文献，我们将高校学生交通安全意识定义为高校学生基于自身所具备的知识，对客观

---

① 冯忠祥、季诺亚、罗毅、赵璨：《基于问卷调查的公众交通安全意识评价方法》，《中国公路学报》2020年第6期。

交通现象进行评价与预判,在交通参与过程中主动避免交通事故以保证安全的心理状态。因此,我们通过高校学生"对违反校园交通规则后果可能性的认识""对违反校园交通规则后果严重性的认识""对遵守校园交通规则能力的认识""对遵守校园交通规则效益的认识""对遵守校园交通规则必要性的认识"相关题项的回答,了解高校学生交通安全意识现状。同时,结合已有研究,[①] 我们将高校学生交通安全态度定义为高校学生对交通秩序、交通规则、自身或他人的交通行为等方面的心理评价和倾向。在此基础上,我们通过设计"对违反校园交通规则行为的情感态度""营造校园交通安全氛围的行为意愿"相关题项,调查高校学生交通安全态度现状。

（一）对违反校园交通规则后果可能性的认识

从违反校园交通规则造成各类后果可能性的调查数据来看,认为违反交通规则可能造成人身伤害、个人财产损失、公共物品破坏的被调查者占比分别是 82.4%、77.1%、74.5%,但仍有 5.7%、6.3%、7.6% 的被调查者认为违反交通规则造成人身伤害、个人财产损失、公共物品破坏的可能性小。而认为违反交通规则会造成舆论困境和个人评优评奖受阻的被调查者占比略低,分别是 64.1% 和 68.4%,还有 12.9%、16.8% 的被调查者认为违反交通规则造成舆论困境和个人评优评奖受阻的可能性小。由此可见,高校学生普遍对违反校园交通规则后果可能性的认识较充分（见图 6-8）。

（二）对违反校园交通规则后果严重性的认识

从违反校园交通规则造成各类后果严重程度的调查数据来看,认为违反交通规则严重造成人身伤害、个人财产损失、公共物品破坏的被调查者占比分别是 86.2%、81.1%、78.5%,但仍有 3.8%、3.9%、5.9% 的被调查者不认同违反交通规则会严重造成人身伤害、个人财产损失、公共物品破坏。而认为违反交通规则会严重导致个人陷入舆论困境和个人评优评奖受阻的被调查者占比略低,分别为 70.3% 和 63.4%,还有 8.1%、13.1% 的被调查者不认同违反交通规则会严重导致个人陷入舆论

---

① 朱国勇、杨军、谢美梅、黄艳、卞勇亚、陈倩:《福州城市居民交通安全意识调查与思考》,《中国统计》2014 年第 4 期。

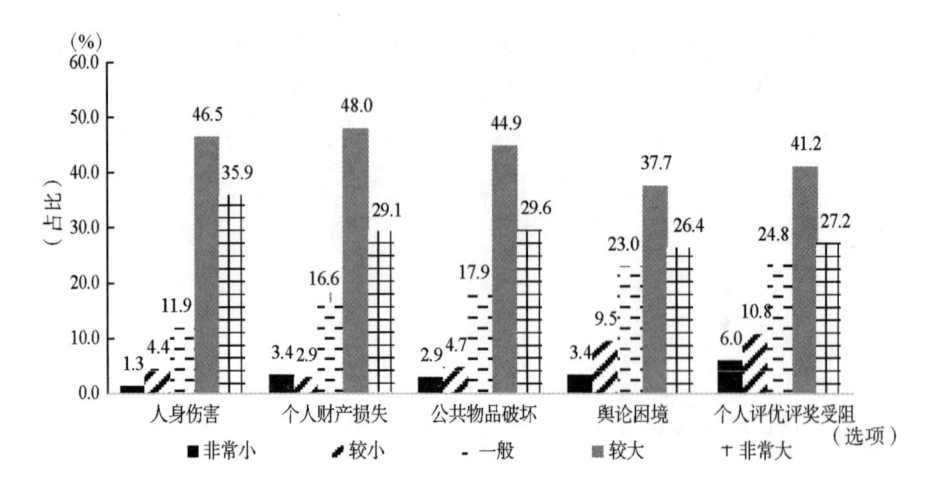

图 6-8　高校学生对违反校园交通规则后果可能性的认识

困境和个人评优评奖受阻。由此可见，高校学生普遍对违反校园交通规则后果严重性的认识较充分（见图 6-9）。对比图 6-8 与图 6-9 可知，尽管大多数高校学生对违反校园交通规则带来风险的可能性与严重性均有较清晰的认识，但在列举的人身伤害、个人财产损失、公共物品破坏、舆论困境、个人评奖评优受阻这五项后果中，学生对前四项后果的严重性感知均强于可能性感知。也就是说，学生即便清楚违反校园交通规则会造成严重后果，却仍旧存在侥幸心理。

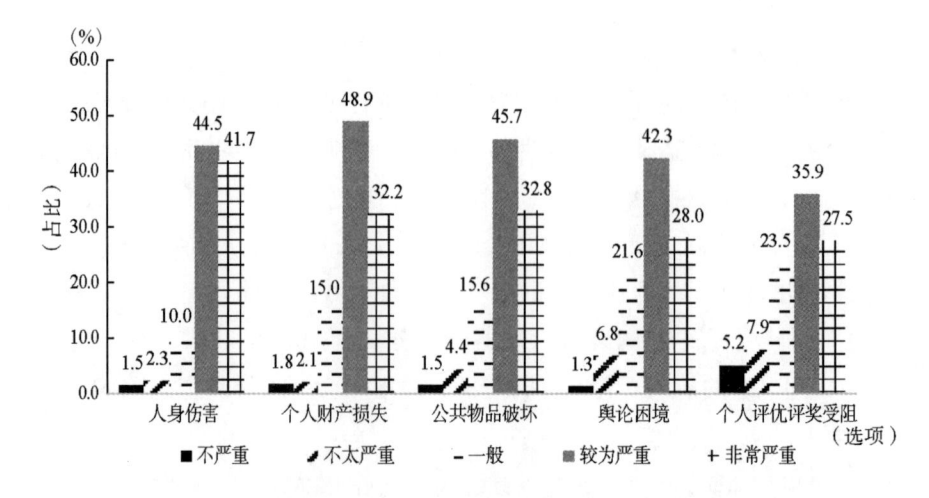

图 6-9　高校学生对违反校园交通规则后果严重性的认识

(三) 对遵守校园交通规则能力的认识

从对自身遵守校园交通规则能力的认识的数据结果来看：(1) 六成以上的被调查者认为自己较好掌握了校园交通安全知识，其中17.9%的被调查者非常确信自己掌握了校园交通安全知识。(2) 七成以上的被调查者对自己在校园中能始终遵守交通安全规则的确信程度较高，其中25.3%的被调查者十分确信自己在校园中能始终遵守交通安全规则。(3) 六成以上的被调查者认为自己在道路交通中有较高的安全隐患预判能力，其中18.2%的被调查者认为自己在道路交通中有非常高的安全隐患预判能力（见表6-2）。

表6-2　　　　　对遵守校园交通规则能力的认识

选项	我对校园交通安全知识的掌握程度（%）	我对自己在校园中能始终遵守交通安全规则的确信程度（%）	在道路交通中，我对安全隐患的预判能力（%）
1（非常低）	0.8	0.7	1.5
2	0.7	1.3	1.5
3	4.7	1.5	2.3
4	5.5	3.7	3.8
5	7.4	6.8	7.9
6	12.1	10.3	13.2
7	15.8	14.2	18.2
8	21.4	16.9	20.8
9	13.7	19.3	12.6
10（非常高）	17.9	25.3	18.2

(四) 对遵守校园交通规则效益的认识

从对遵守校园交通规则产生的效益的认识来看，认同遵守交通规则可以避免校园交通事故发生、树立良好的个人形象、营造良好的校园文化、营造良好的道路交通环境的被调查者占比分别为89.1%、81.4%、88.0%、90.9%。与此同时，对以上四种观点无所可否的被调查者分别占比7.1%、14.5%、9.2%、5.0%。由此可见，高校学生都非常认可遵守校园交通规则的意义（见图6-10）。

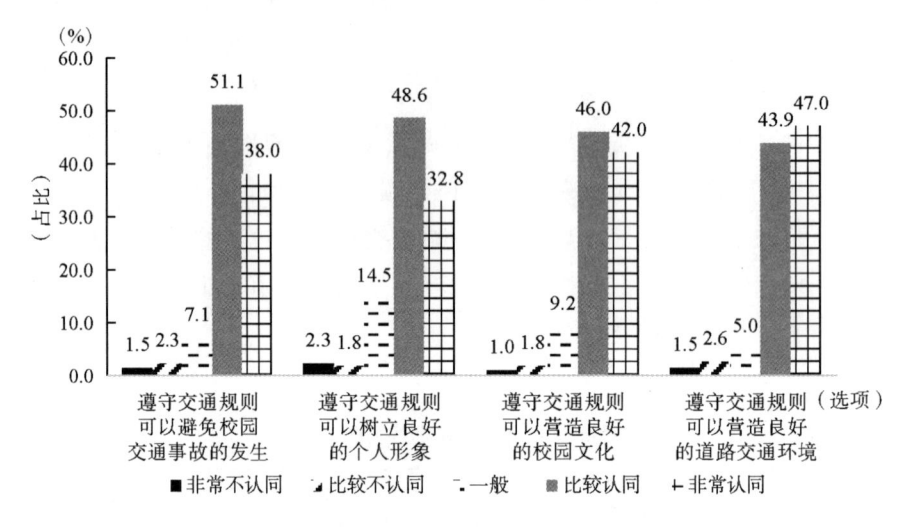

图6-10　对遵守校园交通规则效益的认识

（五）对遵守校园交通规则必要性的认识

从对遵守校园交通规则必要性的认识情况来看：（1）高校学生遵守校园交通规则普遍没有受到监管因素的影响。比较认同、非常认同遵守校园交通规则不受监管影响的调查对象分别占比33.3%、57.6%，仅有3.3%的接受调查的高校学生认为遵守校园交通规则受到监管的影响。（2）高校学生遵守校园交通规则普遍没有受到时间是否紧急的影响。在接受调查的高校学生中，比较认同、非常认同遵守校园交通规则不受时间是否紧急影响的人数分别占比38.6%、50.7%，认为遵守校园交通规则受时间是否紧急影响的仅占比3.1%（见图6-11）。

（六）对违反校园交通规则行为的情感态度

从对违反校园交通规则行为的情感态度来看：（1）高校学生普遍对违反校园交通规则的人很反感。5.2%的接受调查的高校学生不认同自己对违反校园交通规则的人很反感，其中2.6%的高校学生表示非常不认同，但是，比较认同、非常认同自己对违反校园交通规则的人很反感的调查对象分别占比37.3%、47.2%。（2）大部分高校学生会因自己违反校园交通规则而感到羞愧。3.4%的接受调查的高校学生不认同自己违反

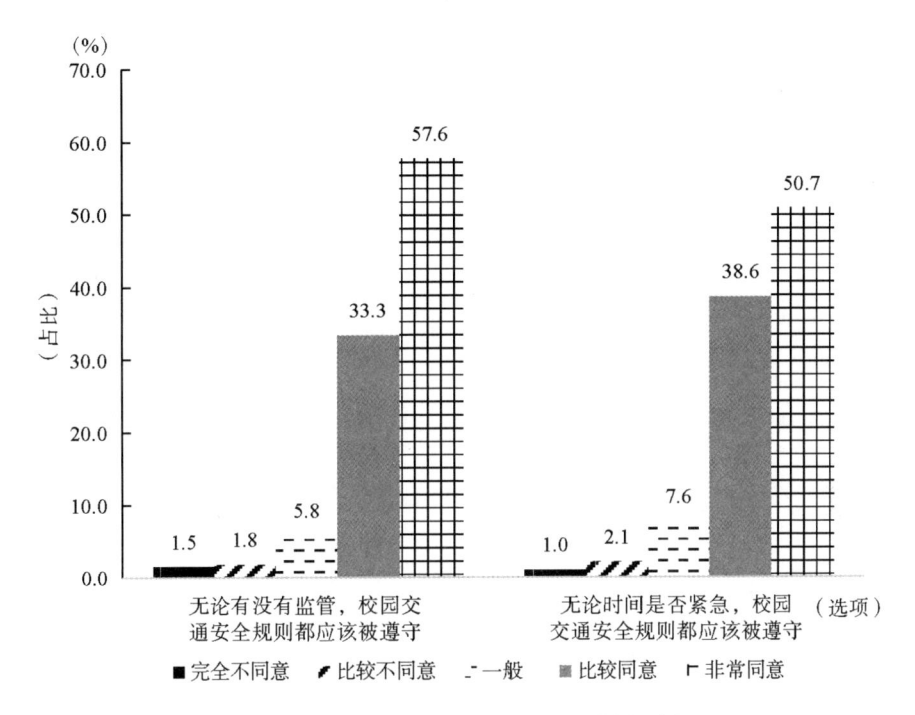

第六章 高校交通安全的调查与分析 / 163

图 6-11 对遵守校园交通规则必要性的认识

校园交通规则时会感到羞愧,其中1.3%的接受调查的高校学生表示非常不认同,然而,比较认同、非常认同自己违反校园交通规则时会感到羞愧的调查对象分别占比40.4%、45.1%（见图6-12）。

(七) 营造校园交通安全氛围的行为意愿

从营造校园交通安全氛围的行为意愿调查数据来看,大多数高校学生普遍愿意采取行动营造校园交通安全氛围。得分为7分及以上者为行为意愿较强,调查数据表明,70.7%、76.0%的被调查者学习校园交通安全知识、关注校园交通安全事件的意愿强烈。而有较强意愿阻止校园内违反交通规则的行为的被调查者占比相对较低,为60.2%（见表6-3）。

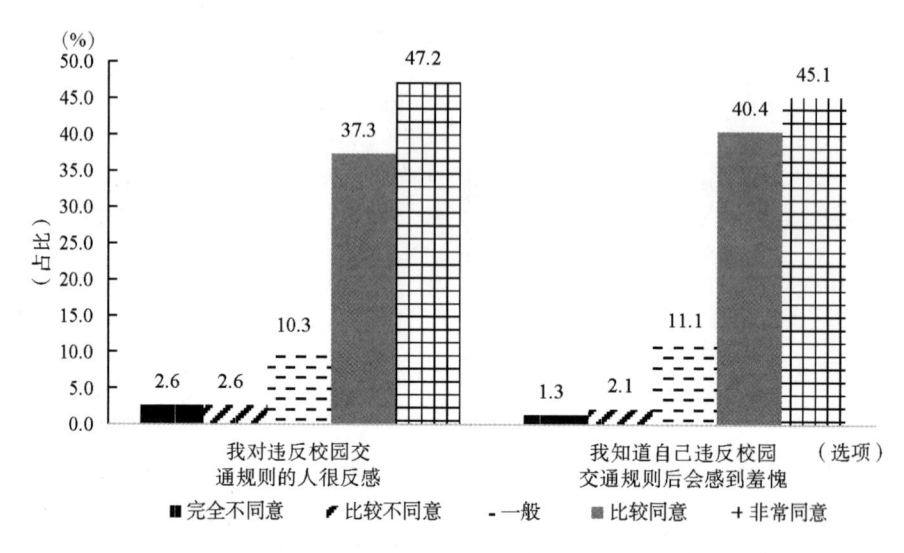

图 6-12　高校学生对遵守交通规则的情感态度现状

表 6-3　营造校园交通安全氛围的行为意愿

选项	关注校园交通安全事件（%）	学习校园交通安全知识（%）	阻止校园内违反交通规则的行为（%）
1（非常低）	1.3	0.9	1.7
2	1.5	2.1	1.8
3	1.5	1.8	3.7
4	1.3	2.9	6.3
5	6.8	3.9	9.2
6	11.6	17.7	17.1
7	15.3	14.2	15.8
8	24.3	17.7	15.6
9	12.4	14.0	8.7
10（非常高）	24.0	24.8	20.1

四 高校学生不安全校园出行行为现状

(一) 不安全步行行为

从高校学生不安全步行行为的调查结果来看：(1) 高校学生在校内步行时随意横穿马路的现象不容小觑。53.7%的接受调查的高校学生在校内步行时随意横穿马路的现象多，其中19.3%的高校学生经常随意横穿马路。(2) 近七成的被调查者在校内步行时使用手机等电子产品打电话或收发信息的频率高，仅3.7%的被调查者从来没有在校内步行时使用手机等电子产品打电话或收发信息。(3) 高校学生在校内与同学相伴而行时嬉戏打闹的现象不容忽视。50.8%的接受调查的高校学生在校内与同学相伴而行时嬉戏打闹的次数多，其中17.7%的高校学生表示非常多，仅5.0%的被调查者从未出现此种行为。据此可知，高校学生不安全步行行为非常普遍，尤其需要重点关注学生步行时使用电子产品这一问题（见图6-13）。

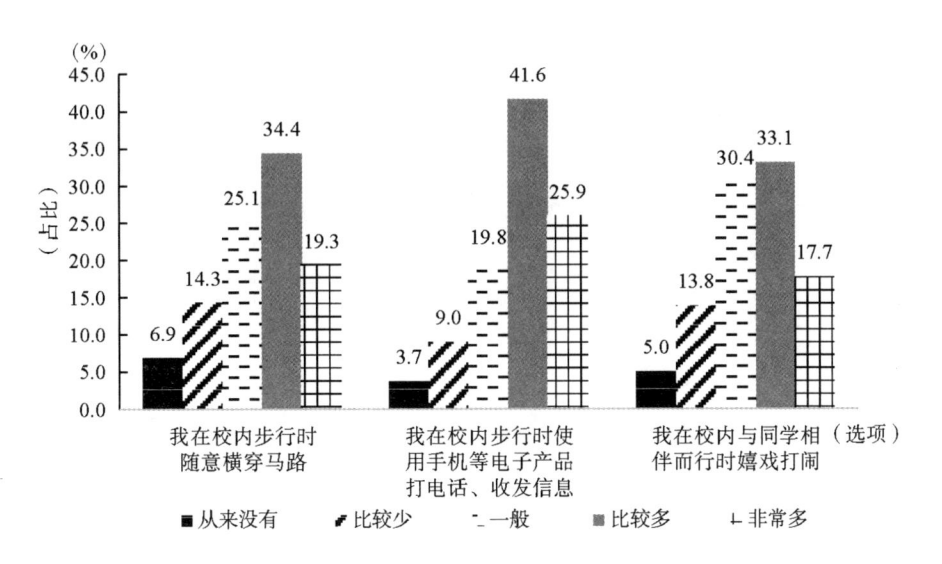

图6-13 高校学生不安全步行行为现状

（二）不安全骑行行为

从高校学生不安全骑行行为的调查结果来看，在被调查者中，校内骑行时频繁与同伴并排行驶的人数占比超过50%，校内骑行时与机动车和行人抢道抢行、为省时间随意停放车辆、使用手机等电子产品打电话或收发信息次数多的人数占比接近50%，而在校内骑行时为遮阳避雨而打伞、为节省时间而逆向行驶频率高的人数占比分别为44.7%、43.1%。同时，在接受调查的高校学生中，表示骑行偶尔出现与同伴并排、抢道抢行、逆行、打伞、随意停放车辆、使用手机等电子产品等不安全行为的占比分别为14.3%、15.6%、19.0%、18.6%、15.1%、15.6%，从未出现上述六项不安全骑行行为的人数占比分别为7.1%、11.1%、13.0%、11.3%、12.1%、11.1%。由此可得，高校学生不安全骑行行为十分普遍，值得高度重视（见图6-14、图6-15）。

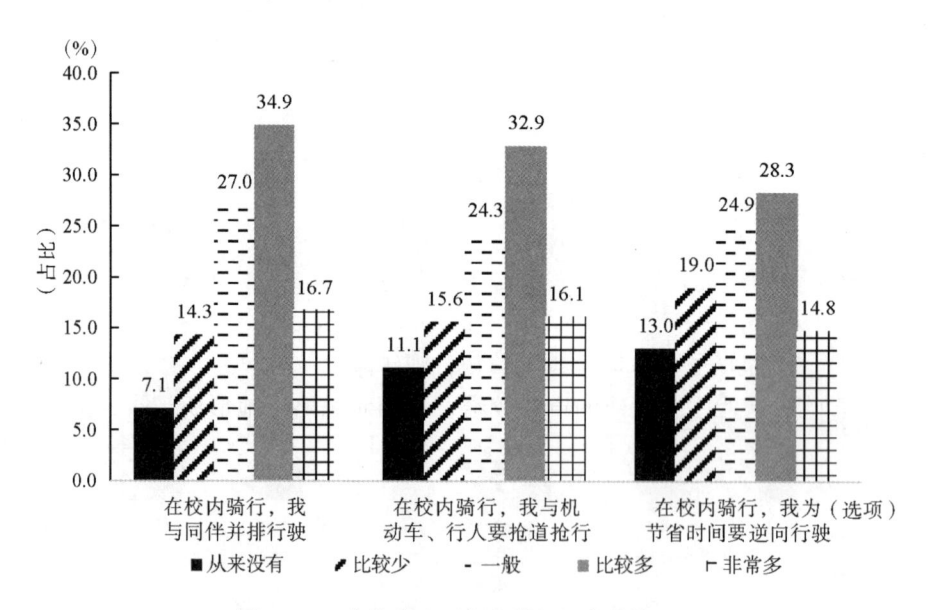

图6-14 高校学生不安全骑行行为现状（1）

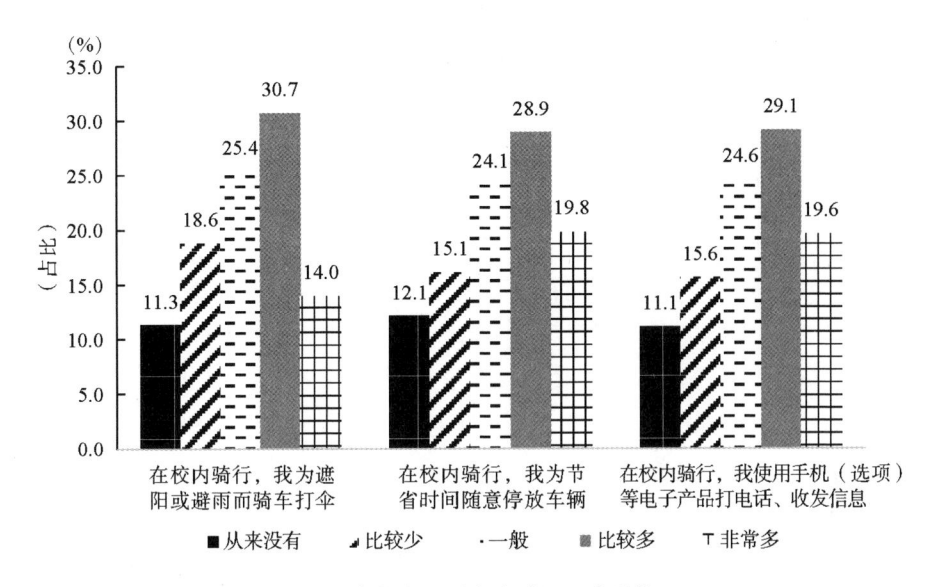

图 6-15　高校学生不安全骑行行为现状（2）

第四节　高校交通安全存在的问题

一　高校交通设施不完善

（一）道路规划与现实需求不匹配

成立时间较早的高校在建设之初，师生及车辆较少，出行方式以步行和骑自行车为主，修建的道路较窄，且相对忽略了地形所带来的道路坡度等方面的因素。21 世纪以来，高校人员、车辆都呈现出大规模增加。2022 年，全国共有高等学校 3013 所，另有培养研究生的科研机构 234 所，各种形式的高等教育在学总规模 4655 万人，全国共有高等教育专任教师 197.78 万人，普通、职业高校校舍建筑面积 113080.55 万平方米。[1]一是修建时间较久的道路缺乏定期检查，路面坑洼不平整，雨雪等特殊

---

[1] 中华人民共和国教育部：《教育部召开新闻发布会介绍 2022 年全国教育事业发展基本情况》(https://www.baidu.com/link? url = CPpuuHZTl5z355fCpDacKzcZnsYpCt0HFvxfw2hRw-TEBisrI-ixjSYlBTDPj1YUZJZ32JaKIhD - PjJwQx - WlGt _ &wd = &eqid = de6ae2db000e32e10000000664310 3c5）。

天气下存在较大风险，且鉴于对资源、成本等因素的考虑，难以铲平道路进行重修，导致历史道路规划与当前师生现实需求不匹配，这一现象在老旧校区尤为突出。二是道路宽度不足以实现人车分流，还存在着车辆停放于道路两侧的现象，高峰期人车一同拥挤在路中，极易出现摩擦和事故，本章第二节的典型案例四中最终人员受伤情况严重，人车未分流便是重要致因。三是在南方以丘陵、山地为主要地形的地带，校内坡度大的路段较多，许多路段未设置警示牌和安全防护设施进行提醒和保护。人员驾车或骑车车速过快，不论对于周边行人还是对于驾驶人自身，都构成了极大威胁。综合而言，高校道路规划存在一定的历史局限性，导致道路交通风险凸显，师生现实的出行安全需求难以得到满足。

（二）配套交通设施不完备

依据调查结果可知，夜间路段缺少照明的现象较为常见，这表明很多高校校内路灯设施配备不全，给夜间步行或驾车埋下了较大的安全隐患，导致夜间交通事故多发。停车场地不充足同样造成了安全隐患。一方面，大部分高校既定停车场地已无法满足教职工的需求，于是在校内空地或道路旁侧划定了停车位，这挤占了道路空间，影响了道路畅通，更有校外车辆随意停放于人行道，导致行人需从干道上通行；另一方面，大部分高校未界定停车范围，从而使得非机动车在宿舍楼、教学楼、食堂等主要活动场所周围随意停放，严重干扰了道路交通。此外，当前高校道路减速带设置仍有提升空间。减速带经历长时间使用后被车辆压得很松，不能紧贴地面，甚至出现被损坏和压断的情况，从而无法起到减速作用，存在着一定的隐患。

二 高校交通安全管理缺位

（一）交通安全管理制度不健全

我国高校道路安全管理在立法上是盲区，理论界也很少有人关注。[①]调查发现，小部分高校学生认为校园交通安全管理制度和处罚制度对学校交通秩序维护的作用较小，对自身校园生活的影响程度较低，结合第

---

① 刘艳华：《中美高校校园交通安全管理比较研究》，《东北师大学报》（哲学社会科学版）2012年第3期。

二节的典型案例分析，可以发现部分高校对交通安全的相关管理制度还存在不完善之处，例如对各类车辆的管控制度不明确、针对特殊情况缺乏相关应急预案等。高校道路安全管理法律规定和规章制度作为规范教职工和学生交通出行行为的基础，是预防事故发生和明确事故处置的关键，相关法规和制度的不健全将直接导致高校引导和监督师生交通行为的有效性下降，从而加剧高校交通安全风险。因此，高校的校园交通安全规章制度和管理办法有待进一步健全，以优化校园交通安全管理工作。

（二）交通安全管理落实不到位

首先，校园交通安全管理者的责任主体模糊。[1] 基于高校交通环境系统中各要素关联的特殊性和复杂性，校园交通安全管理者的权利和义务不明确，从而影响着交通安全管理工作责任的落实。其次，调查结果显示交通安全管理的落实存在问题。一是高校开展交通安全教育活动的频率一般。鉴于人数庞大且相对分散，高校难以统一实施集体安全教育，主要以线上视频教育为主，但并未进行学习效果测试，交通安全教育实效可能难以达到预期。另外值得注意的是，高校的交通安全教育对象主要局限于学生，对教职工则缺乏交通安全相关知识的教育，而在近年曝光的高校交通安全事故中，教师是常见的事故责任主体。二是高校人流车流高峰期无专门人员维护交通秩序。高校上下课时间段的教学楼周边、十字路口等地点通常是人车汇聚，空间拥挤，在没有交通指示灯的情况下，交通参与主体自由行动导致秩序混乱，加之无交通疏导员，安全风险高。三是高校对校内乱停乱放车辆的规整有待加强。[2] 高校"僵尸车"数量颇多，在寒暑假返校后、毕业季等时间段，废旧自行车在校内堆积成山，无人认领，不仅占据校园面积，浪费空间资源，还徒增了不安全因素，不定期清理这些车辆易累积安全风险酿成安全事故。四是高校对于外来人员车辆的管理有待优化。[3] 过去几年在疫情期间的封控措施下，

---

[1] 刘艳华：《中美高校校园交通安全管理比较研究》，《东北师大学报》（哲学社会科学版）2012年第3期。

[2] 中青在线：《如何唤醒校园里"沉睡"的自行车》（http://zqb.cyol.com/html/2016-04/18/nw.D110000zgqnb_20160418_1-12.htm）。

[3] 郑启明、陈孔亮、蒙庆全：《华南师范大学校园智能交通管理系统的构建》，《华南师范大学学报》（自然科学版）2014年第5期。

全国各地绝大部分高校都严格限制网约车、外卖、快递入校，减少了交通安全事故的发生。但在非疫情期间或解除封控后，高校人员车辆流动性大，且校园的开放使得周边小区居民将校园作为免费停车场或公园，进出自由通畅，导致风险因素增加。

三　师生交通安全风险意识淡薄

交通安全与每位高校学生息息相关，是其日常生活的一个重要组成部分。在高校交通安全出现新特征的情况下，高校学生提升安全素养、增强风险意识显得十分重要。否则，极易在校园交通出行中忽视不安全因素，从而出现不安全校园出行行为。在第三节高校学生交通安全意识现状的调查中，我们发现高校学生对违反校园交通规则所伴随的风险的感知普遍较高，大部分学生能够认识到违反交通规则造成人身伤害、个人财产损失、公共物品破坏的严重性，但仍有少部分学生未意识到违反交通规则可能导致事故发生。高校学生对于在校内遵守交通规则的情感态度较为明确，但在行为意愿方面，有5%—15%的学生不愿意学习校园交通安全知识、关注校园交通安全事件、阻止校园内违反交通规则的行为。目前高校学生校园交通安全风险意识的淡薄，不利于保障师生的生命财产安全，也不利于营造良好的校园交通环境。

四　师生不安全校园出行行为普遍

通过比对分析，我们发现尽管70%左右的高校学生认为自己能较准确地预判交通隐患、已较好掌握交通安全知识、比较确信自身能始终遵守交通规则，且80%以上的高校学生非常认可遵守校园交通规则的意义，但列举的三项不安全步行行为中均只有不到7%的学生从未有过此类行为，列举的六项不安全骑行行为中最高也仅有13%的学生从未出现过此类行为。这充分表明高校学生不安全校园出行行为非常普遍，高校学生将交通安全意识转化为实际行动的能力还较为欠缺，也即风险感知难以转化为风险应对行为，这一矛盾冲突致使高校交通安全的风险持续存在，对高校交通安全管理具有较强的启示意义和导向作用。此外，调查显示近50%的高校学生关注到老师存在违反校园交通规则的行为，近五年高校典型交通安全事故的分析也表明教师不遵守交通安全规则是主要的事故致因。因此，提升高校教师群体遵守交通安全规则的能力也十分有必要纳入高校交通安全管理工作中。

第五节　高校交通安全风险防控

一　完善校园交通基础设施建设

良好的道路条件和配套设施建设是高校交通安全的基本保证，也是高校交通安全风险防控的重点工作内容。完善校园交通基础设施可以从初期建设、日常检查和后期维护三个阶段不断推进。

（一）初期建设重规划

高校在初期建设时要加大校园交通基础设施建设的投入。前期对校园路况进行充分调研，了解校内师生的日常出行需求；聘请专家合理规划校园道路的主线和副线；精准设定校园道路的宽度，严格划分行车道和行人道；采用平整的铺路方式，尽量减少大弯道、大陡坡的路段数。对交通标识、减速带、路灯、停车位等基础设施的投入上，除了要进行质量测评，还要严格把控基础设施的数量和位置设置，尤其要重点关注大弯道、大陡坡、交叉路口等复杂路段的基础设施设置情况。

（二）日常检查求稳步

日常检查要做到细致稳步。一方面，成立检查小组，安排专门管理人员定期检查校园道路和交通基础设施，定时定点观测复杂路段的路况，进行风险排查并做好记录。另一方面，定期针对师生开展校内出行情况调研，及时跟进校内人员的出行诉求，了解校园道路交通和基础设施运行存在的问题，形成总结报告，确定日常检查重点。此外，要严格规范日常检查的登记和上报流程，登记和上报要实事求是，意见反馈要及时，工作的调整要求要稳步落实。

（三）后期维护会变通

在后期的维护保养中，要有明晰的校园道路交通安全设施的维护保养制度，对校园道路的维护、基础设施的维护和报废有明确的标准和说明，从而避免道路和基础设施的维护工作陷入"有效利用"的困境。与此同时，通过校企联动机制，成立校园交通设施维护工作组，打造校园交通设施维护管理系统，提高校园交通设施维护工作的效率；定点投放校园道路和基础设备状态的监测仪器，通过数据采集和分析，精准定位校园交通安全风险点；定期对校园道路和基础设施进行日常维护，规范维护流程，严格记录维护信息；及时修缮存在风险隐患的道路和交通设施，安排专门的督察人员跟进工作进度，检查工作成效。

二 健全校园交通安全管理制度

目前，《中华人民共和国道路交通安全法》并没有对高校道路的管理进行明确的规定，无法可依导致高校的交通管理一直非常被动。因此，为了转被动为主动，高校应根据校园道路交通的实际情况，不断健全校园交通安全管理制度，使校园交通安全管理工作有章可循。在校园交通安全管理制度的建设中，一方面要秉持安全性的原则，从事故预防、日常监管、应急处置、事故处罚等角度全方位加强高校交通的安全性建设；另一方面要兼顾人性化的管理原则，注重教职工和学生的需求，在日常出行、事故处理等方面为师生提供便利。

（一）校园交通安全管理制度的建设

在管理制度方面，对驶入校内的车辆实行分类管理，统一标识高校本单位教职工的车辆，严格登记非本单位车辆在校园的出入情况，设定校内不同区域的车辆出入和停放要求，限制并监测校内车辆行驶的速度。在检查制度方面，对道路秩序维护的检查要区分一般检查和专项检查，同时开展不定期的抽查工作，充分结合检查和抽查的结果排查校园道路交通风险。在责任制度方面，实行分工合作的管理工作模式，坚持"谁主管，谁负责"的原则，落实责任主体。成立高校道路交通安全委员会，负责道路规章制度的制定，结合相关要求在本校交通安全教育政策的制定过程中发挥协调作用。

（二）校园交通安全应急预案的建设

对校园交通安全应急预案的建设和完善，要求在具有针对性、可操作性的基础上，依据事故种类、事发区域、严重程度等因素制定校园交通安全应急预案的各项子预案。在应急响应制度方面，设置专项领导小组和工作小组，明确职责分工，建立应急联动合作机制，日常加强沟通联系和对应急响应制度的学习、实操演练，提升各小组协同联动的效能。在报告制度方面，针对不同种类、不同程度的校园交通事故分别设置完整的事故报告链条，将事故报告归档整理，为后期的校园交通安全管理工作提供参考依据。

（三）校园交通安全事故处罚制度的建设

在惩戒制度方面，最首要的是依法确立高校交通安全管理主体的权力，包括享有独立的管理职权、以自己的名义实行管理行为并承担由其带来的法律责任。此外，要严格界定校园交通安全事故处罚的对象，明确其各项违法违规的校园出行行为以及对应的处罚举措。在公示制度方面，有力建设线上线下公示专栏，依据事故种类、性质和违反校园交通安全制度次数等设置公示模块，及时公示各项违法违规的校园出行行为，发挥应有的警示作用。

三 创新校园交通安全管理模式

《"十四五"全国道路交通安全规划》提出的基本原则之一是为科技赋能，智慧治理。坚持科技驱动，以支撑实战为牵引，探索研发新技术、新方法，巩固深化先进装备应用，让科技为交通安全赋能。推动新兴工作深度融合，运用前沿技术助力交通安全管理理念、管理手段、管理模式创新，提升交通安全治理现代化、信息化、智慧化水平。[1] 这同样可以推广运用于高校情境的交通安全管理工作中。

（一）智能化管理

随着车辆数量的增加，一些高校由于道路规划不合理等原因，交通压力越来越大，这一情况在一些建成很早的高校中尤为明显。引入智能化管理模式，逐步调整原有人工传统的管理模式，是高校交通安全管理模式的发展趋势。智能化管理的转变依赖现代科技手段，一是视频监控探头，在重要路段或区域安装视频监控探头，掌握车辆和行人动态，有

---

[1] 中华人民共和国中央人民政府：《国务院安委会办公室关于印发"十四五"全国道路交通安全规划的通知》(https://www.baidu.com/link?url=lrhk5kL9rU3eawpnUhmotUwpxYF7o-Os-JsK52sZ-4zFUFcuwudZ4w9nGxL2OK6dgD-W-MTpI3Y8wRz04rzzCy9AzG3VOuM_2nJKlkIWupRnq&wd=&eqid=fba66b3a000bafed0000000664321155)。

助于安全隐患的排查,视频资料还可以作为事故处置的依据;二是停车自动识别收费系统,区分校内外车辆,作为不同自动收费标准的依据,缓解校内停车位不足的压力;三是智能测速桩,在校内直道放置智能测速桩,监控车速,对超速车辆采取罚款等惩戒措施;四是智能读卡器,对出入校园的车辆信息进行采集分析、研究总结,细化车辆管理工作,发现并解决工作短板,有助于引导车流,对校内交通秩序进行有效的维护,提高管理效能。

(二)动态管理

路况复杂、人群集聚、车辆管控困难等因素的存在不可避免地导致校园交通处于高风险状态。同时,高校校内人群的出行具有特殊性,校园交通的复杂性和不确定性,对校园交通安全管理工作提出了更高的要求,采取实时监控、重点疏导的动态管理模式的重要性愈加凸显。为了预防高校交通安全风险,一方面,需要实时掌握校园道路动态,可以通过在各个路段安装视频监控、成立交通巡逻队等形式,线上线下相结合对校园道路路况进行24小时监控,及时发现、劝导和制止不安全出行行为。另一方面,可以在上下课等人流高峰期、雨雪天等特殊天气以及其他重点时段,安排人员在校内复杂路段、重点区域进行道路管理和车辆疏导。在部分核心路段对机动车辆实施分时段管理措施,限时禁行,强化人车分流,降低事故风险。

(三)协同化管理

校园交通系统的复杂性要求高校开展协同化的交通安全管理。一是动员全校各级单位以及师生员工参与,将违反校园交通规则的情况与各级单位绩效考核相挂钩,提高各级单位领导的重视度,引导敦促教职员工遵纪守规;培养高校学生的交通安全监督意识,构建通畅的意见反馈渠道;加强与其他高校交通管理部门的交流联系,互通有无,提高交通安全管理水平。二是取得与地方执法部门的联系合作,通过警校联动机制,不仅可以提供高校保卫部门更多的业务指导,优化交通安全管理方式,还可以将校内的违章行为与公安交通管理部门进行联网处罚,弥补高校保卫部门无执法权的短板,协助校内交通秩序的整顿。再者,相关公安部门可以分派警力驻守校园,负责校门口和周边路段的交通管理,分担高校交通管理工作的压力。

四　加强校园交通安全宣传教育

校园交通安全宣传教育旨在通过安全知识的传播和引导，提高校内人员的交通安全意识及将安全意识转化为安全行为的能力。高校应充分认识到安全才是教育的前提，提高对校园交通安全的重视程度，做好校园交通安全管理的顶层设计，加大人员和经费的投入，着重关注面向广大学生和教职工开展的校园交通安全宣传教育工作。如何做好校园交通安全宣传教育以及如何将教育落到实处、看见效果，可从宣传教育的形式、对象、内容三方面入手。

（一）创新宣传教育形式

在宣传教育形式上，做到新旧相结合，除了可以采取广播、报告会、观影会、演讲会、海报横幅、专题讲座、培训演练以及征文活动等传统形式，还可以通过微信公众号、QQ群、微博等新媒体平台定期向广大教职工和学生推送交通安全知识。此外，把握高校学生的交通安全需求，有针对性地编写道路交通安全宣传教育系列的教材，将校园交通安全教育以选修课或必修课的形式引入高校课堂；以"校园交通安全"为主题，举办知识竞赛、提案征集、社会实践等活动，让学生们从实践调研中发现校园交通安全问题，结合专业知识去思考校园交通安全问题并为之建言献策，也是非常有力的举措。

（二）实现宣传教育对象全覆盖

在宣传教育对象上，做到对全体教职工和学生的宣传教育全覆盖，以出行安全行为教育为基础，加之对驾车的教职工、骑行非机动车辆的学生进行全面的道路安全培训。同时，通过调研和日常摸排记录确定重点宣传教育对象，开展针对性地深度宣传教育。另外，实现从教育对象到教育主体的转变，在高校教师队伍中选取一批人员，与公安机关交通管理部门开展理论与实践的双向交流，着重培养其成为校园道路交通安全教育的专家，以此加强高校道路交通安全教育的师资力量。

（三）丰富宣传教育内容

在宣传教育内容上，做到固基础、抓实际，在学校的各项规章制度、交通安全法律法规宣传教育的基础上，依据校园交通管理的实际情况和日常风险隐患，定期针对校内复杂路段、重点时段开展道路交通教育。

此外，通过典型校园交通事故案例进行宣讲教育，以实例分析校园交通出行的潜在风险、主要致因以及严重后果，引导全体教职工和学生提高交通安全意识，注重安全出行。最后，定期总结校园交通安全宣传教育的成效，及时调整宣传教育的方式和内容，实现效果优化升级。

第 七 章

高校学生网络安全的调查与分析

网络安全是国家安全的重要组成部分。2018年4月，习近平总书记在全国网络安全和信息化工作会议上指出"没有网络安全就没有国家安全，就没有经济社会稳定运行，广大人民群众利益也难以得到保障"[1]。网络技术的发展和网络普及使网络成为人们日常生活中的"必需品"，网络应用渗透到社会生活的各个领域，其便利性和开放性使得网络用户数量与日俱增。与此同时，信息泄露、信息窃取、数据篡改、病毒攻击、网络诈骗等网络安全隐患凸显，给网络安全防范工作带来重大挑战。中国互联网络信息中心（China Internet Network Information Center，简称CINIC）发布的第51次《中国互联网络发展状况统计报告》显示，截至2022年12月，我国网民规模达10.67亿，较2021年12月增长3549万，互联网普及率达75.6%。[2] 网络信息自身拥有的价值暗藏着利益链条，可能驱使不法分子以网络为媒介不断将魔爪伸向他人，涉世未深的高校学生往往成为网络侵害的对象。开放的校园环境和复杂的网络环境给高校网络安全带来了一系列挑战，网络安全三分靠技术，七分靠管理，高校既要有过硬的网络技术保障，又要进一步加强对高校网络安全的管理。高校学生作为网络使用的主力军，[3] 利用网络拓宽信息获取渠道、丰富个

---

[1] 中华人民共和国中央人民政府：《习近平出席全国网络安全和信息化工作会议并发表重要讲话》(https://www.gov.cn/xinwen/2018-04121/content_5284783.htm)。

[2] 中国互联网络信息中心：《第51次中国互联网络发展状况统计报告》(https://www.cnnic.net.cn/n4/2023/0303/c88-10757.html)。

[3] 周恒洋、邹浩：《"三全育人"视域下大学生网络安全教育探析》，《学校党建与思想教育》2022年第2期。

人业余生活以及实现多元化交友，但过度使用网络容易对网络产生"工具依赖"和"精神依赖"。通过对高校学生网络安全知识的了解程度、网络安全重要性的认识情况和应对网络风险的行为调查可知，高校学生网络安全意识有待提高，仍存在许多不安全使用网络的行为，加之复杂的网络环境和高校网络风险的防御技术有限，致使高校网络安全问题日趋严重。本章聚焦当下复杂的网络环境，了解高校学生网络安全意识和行为现状，分析高校学生网络安全管理现存的问题，提出相对应的风险防范措施，以提升高校学生网络安全意识、规范高校学生网络安全行为，进一步推动高校完善校园网络安全管理，促进政府、社会、学校等主体多元合作，从而更高效地维护校园网络安全。

第一节　高校网络安全概述

《中华人民共和国网络安全法》中明确，网络是指由计算机或者其他信息终端及相关设备组成的按照一定的规则和程序对信息进行收集、存储、传输、交换、处理的系统。网络具有自由度高、互动性强、使用成本低、方便快捷和虚拟程度高的特点：（1）网络是相对开放和自由的，没有空间、时间上的限制，个人或组织能够通过网络发表自己的观点看法、获取网络上的公开信息。（2）人们可将网络作为传播媒介，实现人与人或人与信息之间的信息互动，网络媒介形式包括文字、图片、音频、影视等。（3）网络不受时间和空间的限制，决定了网络使用的低成本，主要体现为人们生活的资金成本和时间成本的减少。（4）网络成为生活中重要组成部分的原因之一在于网络的方便快捷，网络应用不仅满足人们的日常生活需求，如网络支付、网上购物等，还能满足人们的多样化、个性化需求，进一步地延伸至国家治理领域如电子政务。（5）虚拟性是网络的明显特征，不似其他物体能够看得见、摸得着，故而人们在网络空间可以通过匿名隐藏真实的自己，不考虑自身的言语或行为所产生的后果。

一　高校网络安全的定义

网络是人类社会快速发展的助推器，但因网络发展所衍生的问题也接踵而至，数据泄露、网络犯罪、网络病毒传播、消极思想、错误言论等威胁着网络安全。《中华人民共和国网络安全法》将网络安全定义为：通过采取必要措施，防范对网络的攻击、侵入、干扰、破坏和非法使用以及意外事故，使网络处于稳定可靠运行的状态，以及保障网络数据的完整性、保密性、可用性的能力。其基本思想是在网络的各个层次和范围内采取防护措施，以便能对各种网络安全威胁进行检测和发现，并采取相应的响应措施，确保网络环境的信息安全。网络安全包含设备安全、数据安全、内容安全和行为安全四个层次。[①] 高校网络安全是指高校通过网络技术管理和网络安全教育，防范网络攻击、信息泄露和网络暴力等网络安全事件的发生，以保障网络设备正常运行、规范师生网络安全行为、保证高校及师生信息完整，为高校网络用户提供安全的校园网络环境。高校网络安全主要包括网络设备安全、网络通信安全、网络应用安全、数据安全、安全意识和安全行为，涉及的范围广泛，需要综合运用各种技术手段，加强高校网络安全的管理和培训，确保高校网络整体安全。

高校学生作为网络的活跃用户，社会化程度较低，缺乏网络安全意识以及网络安全知识使其降低对网络危险的警惕性，由此可能出现泄露个人信息和隐私而不自知的现象。不法分子仅需花费低成本便能获取高校学生个人信息，根据盗取的信息提取高校学生的个人偏好和行为习惯，设计难以分辨的诈骗圈套。同时，高校掌握大量学生和教师的重要信息，加之高校教师和研究人员通常在校园网络上进行科研和创新活动，涉及敏感的知识产权和专利信息等，这些信息被盗用或泄露会对高校的创新和研究工作造成严重损失，校园网络安全管理存在较多的网络威胁。

二 高校网络安全的特征

（一）网络规模庞大

随着各种信息化技术的迅猛发展，网络已经成为高校教育教学、科研管理、学生服务等方面的重要使用工具，成为支撑学校各项工作的重要基础设施。高校网络规模庞大主要体现在两个方面：一是高校校园网

---

① 张焕国、韩文报等：《网络空间安全综述》，《中国科学：信息科学》2016年第2期。

几乎实现校内全覆盖，包括教学楼、办公楼、学生宿舍等公共区域。二是高校网络用户众多，用户主体包括学生、教职工和校园网络安全管理和维护人员。高校网络用户通常运用网络满足个人工作、学习乃至生活方面的多样化、个性化需求。由于高校网络覆盖范围较广，用户群体规模庞大，网络风险能够在短时间内大面积蔓延。与此同时，高校网络用户的用网习惯、网络安全意识和网络安全知识的掌握程度不尽相同，增加高校网络安全的管理难度。

（二）网络环境开放

高校网络在学校的科研教学及行政管理领域得到广泛的应用，成为各个高校提高教学质量和学术水平的重要举措。开放的校园网络环境是资源共建共享的基础，能够避免资源的浪费和滥用，提高校内资源的利用效率，满足和保障高校师生对于网络和信息化服务的需求。在网络基本特性和高校工作需求之下，高校网络具有较强的开放性和交互性，高校网络环境不可避免地处于开放状态。例如，学校为了支持各项学术和科研活动，通常会为师生提供访问其他数据库、资源库的权限，这种开放性在有助于师生获取更多的信息资源和学术科研机会的同时，也带来了一定的网络安全风险。

（三）用户群体活跃

校园网络的第一大用户群体是在校学生，当代高校学生出生、成长于网络时代，对网络有天生的亲近感。首先，大学生活跃于各大主流网络平台，例如网络销售类平台、社交娱乐类平台、生活服务类平台和信息资讯类平台等。其次，部分高校学生对新兴网络技术及其运用充满好奇，可能将校园网络作为学校或个人开发程序的测试对象，极易对高校网络造成严重的破坏，甚至导致高校网络瘫痪或校园网络系统漏洞扩张。

第二节　高校学生网络安全典型案例分析

在网络的广泛使用下，犯罪方式产生新的变化，相较于传统犯罪而言,网络犯罪手段复杂隐蔽、侵犯领域更广、后果更为严重。[1] 高校学生是我国网民的重要群体之一,正处于价值观未成型、社会阅历有限的阶段,网络行为模式也较为不稳定。加之网络与社会生活的密切结合,高校学生与网络的接触频率逐渐升高,存在部分学生过度依赖网络的现象。由于网络犯罪手段多样且难以察觉,高校学生容易被网络犯罪分子诱骗,高校学生网络安全受到严重威胁。本节从信息泄露和诈骗、网络暴力侵害、网络攻击三个方面出发,整理相关典型案例,通过案例分析获悉高校及高校学生所面临的网络风险,为高校学生网络安全管理提供参考。

一 网络信息泄露和诈骗

（一）案例一:"兼职"App 刷单诈骗[2]

1. 案例过程

刷单兼职诈骗是指骗子通过网络途径发布以"零投入、高回报、日清日结"为噱头的刷单兼职信息,通过前几次刷单后立即返还本金、佣金骗取当事人信任后,诱导其加大本金投入,随后以打包任务未完成等理由拒不返款,最终将事主拉黑。[3] 沈阳某高校大学生小李（化名）因刷单兼职被骗七万余元。起初一位自称是快递工作人员的不法分子,向小李发送 QQ 好友添加申请,小李通过好友申请后便被拉入一个 QQ 群。5月22日下午,小李在该 QQ 群里看到做网上兼职的 App 下载链接。小李出于好奇下载了这款软件,随后就有接待员联系他并简单介绍兼职流程,接待员做出口头保证以降低小李的防范心,并给小李介绍了"导师"和派单员。小李在"导师"的引导下成功通过两轮兼职分别获利 160 元和 400 元。两轮获利使得小李逐渐放松警惕,"导师"开始诱导小李加大投入,然而派单员以任务失败无法提现等各种理由不返款,诓骗小李持续

---

[1] 李中和:《高校学生网络犯罪及其防控对策探讨》,《科学·经济·社会》2012 年第 2 期。

[2] 光明网:《到了期末没钱花,沈阳一大学生被骗 7 万! 警察叔叔的提醒一定要看!》(https://m.gmw.cn/baijia/2022-06/18/1303003180.html)。

[3] 广州日报:《兼职点赞赚钱? 上周,广州这四类电信网络诈骗占比超 6 成》(https://baike.baidu.com/reference/61436638/741dR7J8SKsInwIYYDj67asdKkWsxSOYR4quGeg3XxF-c3B1pnc-dS.SyJC6yZMPYA6XmGP3oTk4penbHvc5eMi4UlR6WhZliBLLrtCaoihDkR)。

投入后就能得到本金和利息。小李对此曾有过怀疑，但群内总弹出其他人提现成功的消息，小李带着侥幸心理仍旧听从了派单员的指令，直至最后无力负担债务才意识到这是个骗局。在此期间，他编造各种理由向亲属、朋友借了6万多元，累计投入7万余元。

2. 案例分析

刷单兼职的诈骗成本极低，其诈骗套路主要分为三步：（1）建立联系，烘托成功氛围；（2）许以小利令人放松警惕；（3）层层设限加大投入，最终目的是让高校学生通过自愿"转账"的方式行骗。高校学生的校园生活相对自由，对于生活费的支配度较高，部分学生因家境困难或超前消费等处于暂时性生活拮据状态，便产生了通过简单便捷的方式获取钱财维持个人生活的想法。不法分子正是利用高校学生群体这一特点设置诈骗圈套，以"小投入大回报"的虚假承诺引诱高校学生，警惕性低或者存在贪图小利侥幸心理的学生便容易陷入刷单兼职诈骗旋涡。

（二）案例二：虚假信息诈骗①

1. 案例过程

2022年2月，胡某某成立四川某教育科技有限公司，通过各种渠道购买伪造的营业执照。伙同17人专门针对在校大学生、应届毕业生和有培训需求的应聘人员三类群体，设置一系列诈骗陷阱。他们在求职平台上发布虚假高薪招聘信息，以培训为由收取各种高额培训费，共计诈骗400余名求职大学生，涉案金额高达131万元。其中一名临近大学毕业的受害者小王（化名），为了增加自身简历的含金量，使自己能在众多竞争对手中脱颖而出，决定报考消防设施操作员职业技能鉴定证书。小王在网上浏览了大量相关信息后，四川某教育科技有限公司主动联系他，向他介绍考证的相关流程，并发送伪造的营业执照获取小王的信任。2022年8月，小王询问该公司能否提前考试，该公司给小王发送一个考试网址，小王登录进去发现自己身份信息显示审核不通过，不符合考证资格。当小王再次联系该公司时，发现自己已经被拉黑。

---

① 青瞳视角：《400余名大学生被骗上百万！专骗这类人》(https://baijiahao.baidu.com/s?id=1757307053839354141&wfr=spider&for=pc，2023年2月9日)。

2. 案例分析

虚假信息诈骗主要是不法分子利用信息差行骗，该类诈骗对象主要分为两类：一是以考证为目的参加培训班的群体，例如小王想要报考消防设施操作员职业技能鉴定证书，该证书需要在相关单位入职后才能报考，该公司隐瞒了这一事实，诱导小王参加培训以收取培训费。二是想要持证上岗参加工作的群体，当求职者应聘成功相应的岗位之后，对方却告知该岗位需要求职者具备某种资格证，于是诱导求职者参加公司的培训，实际上这些高薪岗位并非真实存在，当求职者缴纳培训费之后，或被告知岗位已招满，或被告知项目暂停，使求职者在未取得理想工作的同时还损失了一笔培训费。案例中的小王因不清楚消防设施操作员职业技能鉴定证书的报考条件，被不法分子乘隙欺骗。该案例侧面显示出了部分高校学生不善于或出于懒惰不愿意花费时间查询相关信息，更愿意花钱让机构提供证书介绍、课程报名、课程培训等服务的情况。在就业高压形势下，高校学生防范心较低、识别能力较弱，容易遭受虚假网络信息诈骗，产生网络安全风险事件。因此，提高学生的网络安全风险识别及自我保护能力成为学生规避网络诈骗风险的重要措施。

（三）案例三：学信网信息泄露[①]

1. 案例过程

2022年9月19日，河南X学院新闻网发布《关于调查问卷引发网络舆情的情况说明》。河南X学院在日常网络舆情监管中发现有"学信网信息泄露"的话题，且话题热度较高。该校相关部门调查后得知：造成信息泄露的是一份由郑州泽梦企业管理咨询有限公司提供的调查问卷。2022年8月28日，该校学生会一名学生干部在参加社会实践活动期间，协助该公司组织2020级和2021级学生参与网上《河南X学院宿舍满意度调查问卷》调查。该公司要求被调查学生填写学信网中的学信码，但未告知学信码的真实用途，导致部分学生的学信码被盗用。最终公安机关责令涉事公司不得售卖学生信息，该校撤销该学生在学生会的职务，并责令其对此做出检讨。

---

① 中国青年报：《高校通报学信网信息泄露事件，别再让隐私"裸奔"》(https：//baijiahao. baidu. com/s？id=1744585576669517608&wfr=spider&for=pc)。

2. 案例分析

学信码可用于查询学生学籍信息，包括毕业学校、毕业时间、学制年限、就读专业等重要个人信息，学信码一旦泄露，不法分子可能通过所掌握的信息顺藤摸瓜，获取更多社交账号、家庭情况、消费记录等个人隐私信息，从而根据所获信息分析学生性格、说话方式，伪装成本人对身边同学、亲戚进行诈骗。甚至有不法分子利用个人信息制作假身份证进行一系列违法犯罪活动，如借用个人名义贷款，给受骗者本人和周围同学、亲戚造成财产损失。

二 网络暴力侵害

1. 案例过程[①]

2022年5月，一女性受害学生经男性好友提醒发现，自己和另外2名女生的照片被发布到了色情网站，照片并非女生拍摄的原图，而是经过恶意P图而成，并配上低俗的文案。受害者随即向派出所报警，警方介入处理。与此同时，她也持续关注发帖人的其他发帖情况，试图找到隐匿在自己朋友圈的这位"好友"，通过分组定向发布朋友圈，逐渐缩小怀疑范围。直到2022年12月，该名受害者和另外几位女生多次核对共同好友和被泄照片，确定了发帖人为自己的高中同学赵某某。

2023年1月5日，受害者在好友的帮助下见到了赵某某，对方承认了自己的行为，但并没有感到任何歉意。3月9日，在找到赵某某2个月后，派出所告知赵某某其将因传播淫秽物品被拘留10日。

赵某某恶意P图侮辱女性的网帖引发关注后，2023年3月18日，其所在的江苏S大学发布通报回应：学校高度重视此事，已启动调查程序，将依法依规处理。3月19日凌晨，江苏S大学回应称该校学生赵某某违法行为属实，公安机关已做出行政处罚决定。依照学校相关规定给予该生开除学籍处分。同时，受害者再次发文表示最终因为个人原因决定不采取自诉。

---

① 中国新闻周刊：《男生造黄谣，江苏S大学：开除学籍》（https://www.163.com/dy/article/I06TPASJ0514BE2Q.html）。

2. 案例分析

受害者在社交平台分享照片仅是为了分享日常、记录生活，未曾想到因此被昔日同窗好友用于造黄谣，遭受网络暴力。造谣者通过恶意P图和言语侮辱这种特殊的方式博取一定的关注或满足自己的恶意心理。有律师表示，该造谣行为涉及多个法律问题：一是从民事层面来说，造谣侵犯了公民个人的名誉权和肖像权，公民有权请求停止侵权、恢复名誉和赔偿损失。二是从行政层面来说，行政机关可对造谣、传播谣言者处以罚款和拘留的行政处罚。三是从刑事层面来说，故意采取P图等形式，歪曲他人形象，传播淫秽信息，涉嫌侮辱罪；将淫秽信息上传至第三方平台，涉嫌传播淫秽物品罪，以此牟利的，涉嫌传播淫秽物品牟利罪。网络的发展虽便捷了人们的生活，但网络信息、言论的真实性和可靠性难以判断，且网络言论往往具有很强的传播力和影响力，一旦传播开来便会产生不可估量的影响。网络暴力的危害性不亚于暴力型犯罪，谣言对受害者本人会产生巨大的精神压力和心理压力，社会稳定也受到极大影响。

三 网络攻击

1. 案例过程[①]

2022年6月22日，陕西X大学发布《公开声明》称，该校遭受境外网络攻击。当地公安局随即发布《警情通报》，证实在陕西X大学的信息网络中发现了多款源于境外的木马程序样本。中国国家计算机病毒应急处理中心和360公司第一时间成立技术团队开展调查工作，全程参与此案技术分析。技术团队先后从多个信息系统和上网终端中捕获到了木马程序样本，综合使用国内现有数据资源和分析手段，并得到欧洲、南亚部分国家合作伙伴的通力支持，全面还原了相关攻击事件的总体概貌、技术特征、攻击武器、攻击路径和攻击源头，初步判明相关攻击活动源自美国国家安全局（NSA）的"特定入侵行动办公室"（Office of Tailored Access Operation，简称TAO）。研究团队经过持续攻坚，成功锁定了TAO对陕西X大学实施网络攻击的目标节点、多级跳板、主控平台、加密隧

---

① 陕西X大学：《公开声明》（https://mp.weixin.qq.com/s/e80DObh2IWRd4CTwM510CA）。

道、攻击武器和发起攻击的原始终端，发现攻击实施者的身份线索，并成功查明了 13 名攻击者的真实身份。

2022 年 9 月 5 日，《陕西 X 大学发现美国 NSA 网络攻击调查报告（之一）》发布。2022 年 9 月 27 日，《陕西 X 大学遭美国 NSA 网络攻击事件调查报告（之二）》发布。调查报告显示，TAO 对陕西 X 大学发起的上千次网络攻击活动中，以单点突破、级联渗透控制陕西 X 大学网络，利用作战行动掩护武器"精准外科医生"与远程控制木马 NOPEN 配合使用达到隐身效果，窃取陕西 X 大学远程业务管理账号口令、操作记录等关键敏感数据；网络运维配置文件和日志文件；渗透控制中国基础设施核心设备。

2. 案例分析

TAO 是全世界作战水平最高的网络战部队之一，陕西 X 大学遭到 TAO 不下千次的网络攻击，向师生发送包含木马程序的钓鱼软件，企图窃取师生邮件数据和个人信息。可见，网络安全并非个人、学校或国家的事，网络安全涉及社会中的每一个成员、每一个组织，国家级的网络攻击也会波及普通大众。高校作为人才培养和科学研究的重要单位，涉及人才培养、教学考试、科研任务等重要保密信息，加强高校网络安全防御系统、培养师生网络安全意识刻不容缓。

网络安全风险无处不在，影响高校学生身心健康，扰乱高校网络秩序，甚至危及国家网络安全。网络犯罪相较传统犯罪而言成本较低，不法分子利用高校学生贪图小利、爱走捷径和存在侥幸心理等群体特点，制定"专属"学生的诈骗套路或其他犯罪方式，借助网络的便捷性、高自由度和低成本施行犯罪行为，犯罪伎俩推陈出新，令高校学生防不胜防。陕西 X 大学案例警示我们，没有网络安全就没有国家安全，要广泛普及网络安全知识，培养网络安全意识，规范网络安全行为，将技术手段作为网络安全的有力保障，实现国家、高校、个人的网络安全。

第三节 高校学生的网络安全现状

本节主要通过高校网络安全教育发展现状和高校学生网络安全意识与行为现状分析高校网络安全现状，为深化高校网络安全教育、加强学生网络安全意识，防范高校学生网络安全风险提供数据支撑。本调查通过问卷发放获取数据，问卷包含多选、排序和单选三种题型，其中高校网络安全教育主题现状、高校网络安全教育形式、高校学生经历网络安全事件现状、网络安全事件造成的损失四个方面的调查采用多选题，高校学生上网用时最多活动的分布调查采用排序题，其余均为单选题。本问卷面向全日制大专及以上学历的在校大学生，通过微信、QQ等多个网络平台发放调查问卷，共收集到1013份问卷，剔除164份无效问卷后，有效问卷共849份，有效率为83.81%。调查样本基本特征分布情况如表7-1所示，男生占被调查对象总人数的41.3%，女生占被调查对象总人数的58.7%，接近80%的被调查对象年龄在18—21周岁，本科生占被调查对象总人数的79.7%，大专、硕士和博士分别占被调查对象总人数的比例为9.5%、9.0%和1.8%。

表7-1　　　　　　　　　　样本特征描述分布

变量	选项	频率	百分比（%）
性别	男	351	41.3
	女	498	58.7
年龄	18周岁以下	50	5.9
	18—21周岁	673	79.2
	22—25周岁	93	11.0
	26—29周岁	24	2.8
	30周岁及以上	9	1.1
学历	大专（在读）	81	9.5
	本科（在读）	677	79.7
	硕士（在读）	76	9.0
	博士（在读）	15	1.8

一　高校网络安全教育发展现状分析

本调查通过高校网络安全教育氛围、教育主题和教育形式三个层面对高校网络安全教育现状进行了分析。

高校网络安全教育的目的是普及网络安全知识，提高学生应对网络安全问题的能力，提高学生对网络风险和不良信息的抵御能力，避免各类突发性网络安全事件对学生身心健康造成伤害。[①] 本调查根据高校网络安全教育的目的，将高校网络安全教育氛围界定为：在网络安全教育过程中，使学生能够感知到的，并对达到普及学生网络安全知识、增强网络安全风险防范能力等目的产生影响的，相对稳定又持久的环境特征。主要包括学生自主学习网络安全知识情况、计算机类课程学习情况、教师讲授网络安全知识时长和网络安全课外教育情况四个方面。

（一）教育氛围

在高校网络安全教育氛围层面，学生缺乏自主学习网络安全知识的意识，教师对网络安全教育的重视程度不够，网络安全教育氛围不浓厚。大部分接受调查的高校学生仅偶尔上网搜索一些网络安全知识，经常关注网络安全知识的接受调查的高校学生占接受调查总学生数的23.0%，系统学习网络安全专业知识和考取网络安全相关等级证书的接受调查的高校学生占比皆不足5.0%，甚至有16.6%的接受调查的高校学生表示没有主动学习过相关知识（见图7-1）。

本调查设置了学生计算机类课程的学习情况、网络安全知识授课时长、课外网络安全教育三类题项，以充分了解高校网络安全教育氛围现状。调查发现，高校学生计算机类课程学习总体情况一般，有41.0%的接受调查的高校学生表示目前还没有学完任何相关课程，有30.3%的接受调查的高校学生表示学完了两门相关课程，22.5%的接受调查的高校学生学完了一门相关课程，学完三门及以上相关课程的接受调查的高校学生占总人数的6.2%。如表7-2所示。

---

① 蒋燕玲：《新时代高校网络安全教育的意义、困境与路径》，《中国高等教育》2020年第20期。

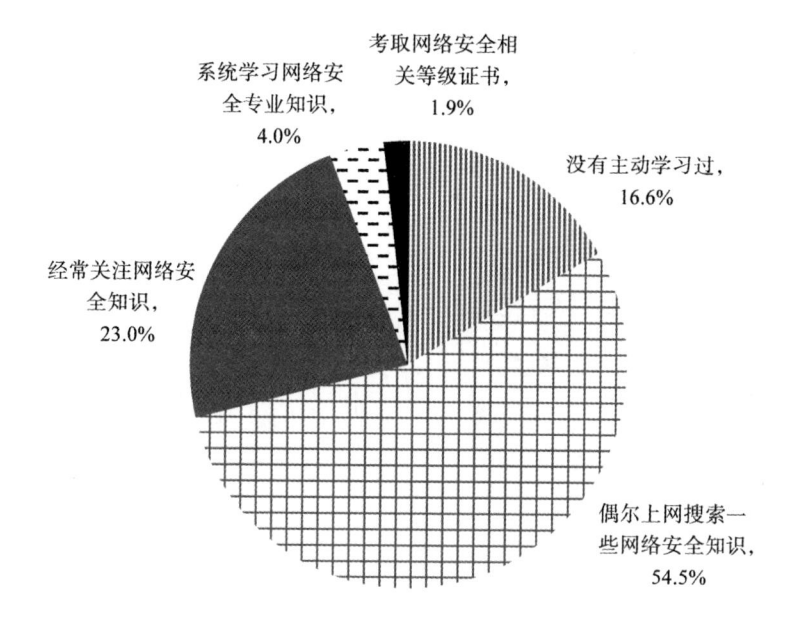

第七章　高校学生网络安全的调查与分析 / 189

图7-1　学生自主学习网络安全知识现状

- 系统学习网络安全专业知识，4.0%
- 考取网络安全相关等级证书，1.9%
- 没有主动学习过，16.6%
- 经常关注网络安全知识，23.0%
- 偶尔上网搜索一些网络安全知识，54.5%

表7-2　　　　　　　高校学生计算机类课程学习情况

	频数	百分比（%）
目前还没有学完任何相关课程	349	41.0
已经学完了一门相关课程	191	22.5
已经学完了两门相关课程	257	30.3
已经学完了三门相关课程	26	3.1
已经学完了四门及以上相关课程	26	3.1

从网络安全相关知识的教师授课时长来看，超一半的接受调查的高校学生表示教师讲授网络安全相关知识的时长仅为0—2课时，18.3%的接受调查的高校学生表示教师讲授网络安全相关知识的时长为3—5课时，9.1%的接受调查的高校学生表示教师讲授网络安全相关知识的时长为6—8课时，仅有2.7%的接受调查的高校学生表示教师讲授网络安全相关知识的时长达到9—11课时，表示教师讲授网络安全相关知识的时长在12课时及以上的接受调查的高校学生人数占总人数的17.2%（见图7-2）。

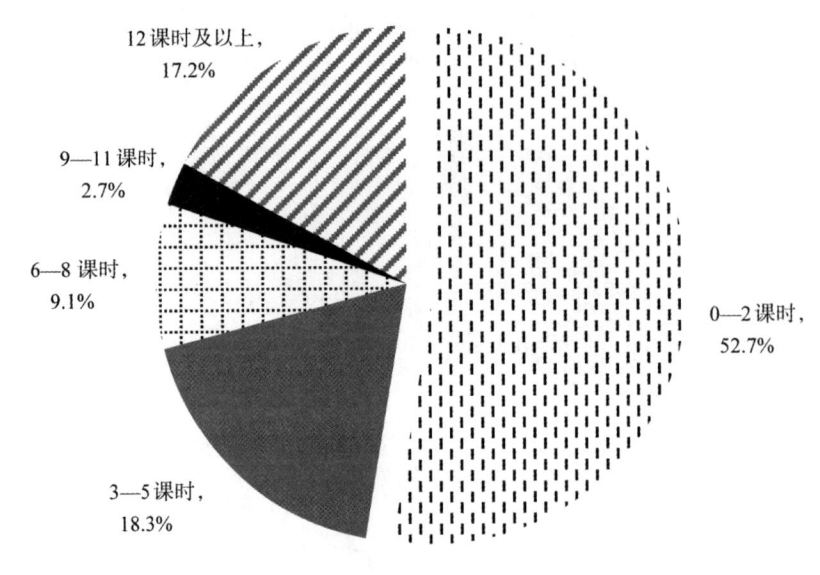

图7-2 教师讲授网络安全相关知识时长现状

本调查通过校园设置网络安全主题宣传板及条幅等情况，辅导员或班主任经常在班级QQ、微信群发布网络安全知识或事件情况，周围的同学关注网络安全情况来了解高校学生课外网络安全教育现状。调查结果显示：（1）网络安全主题宣传板、条幅设置情况较好。62.8%的接受调查的高校学生表示校园里经常设置网络安全主题宣传板、条幅等，认为学校不经常设置宣传板和条幅的同学占接受调查学生的7.4%。（2）辅导员或班主任在班级群发布网络安全相关知识或事件情况尚可。58.4%的接受调查的高校学生表示辅导员或班主任经常在QQ、微信群里发布网络安全知识或事件，10.2%的接受调查的高校同学表示发布频率不高，另有31.4%的接受调查的高校学生表示不确定，说明部分学生对班群消息的关注度不高，或是班群中的其他消息太多，以至于网络安全相关信息被覆盖。（3）高校学生对网络安全关注情况尚可。59.3%的接受调查的高校学生认为其周边同学都比较关注网络安全，7.8%的接受调查的高校学生持相反态度，另有32.9%的接受调查的高校学生表示"不置可否"，体现出学生总体对网络安全的关注度较低，学生之间形成的校园网络安全氛围不够浓厚。这种现状一方面说明学生自身对于网络安全学习的意识不够强烈,另一方面说明学校整体的网络安全教育氛围不够浓厚,网络安全宣传力度有待加强(见图7-3)。

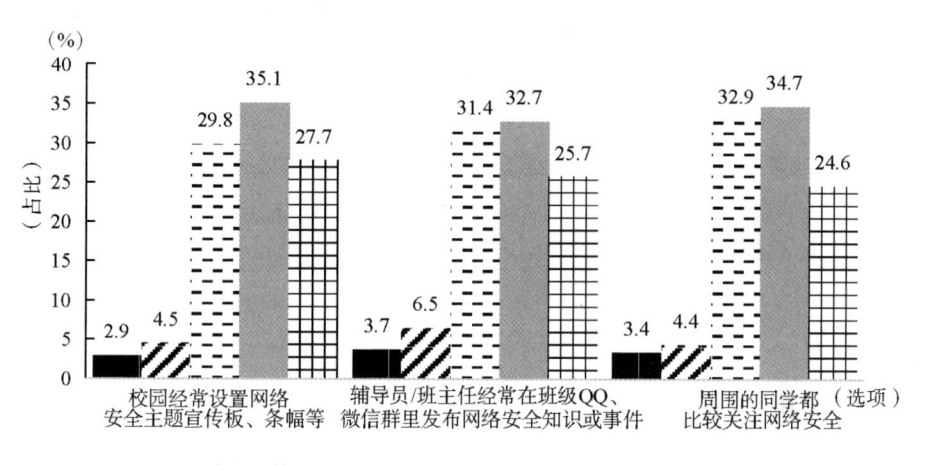

图7-3 高校学生课外网络安全教育现状

(二)教育主题

在网络安全教育主题调查中,本调查列举了综合性的网络安全教育、预防诈骗、防电脑和手机病毒、防网络沉迷、网络安全政策法规五个主题。调查数据显示,84.7%和78.2%接受调查的高校学生表示学校开展了预防诈骗和综合性网络安全的主题教育活动,超过一半的接受调查的高校学生表示还有防网络沉迷和网络安全政策法规的教育主题,表示已开展防电脑、手机病毒主题活动的接受调查的高校学生不足50.0%。由此可见,高校网络安全教育主题重点集中在综合性的网络安全教育和预防诈骗,对防网络沉迷和普及网络安全政策法规的教育相对较少,对防电脑和手机病毒的主题教育较为欠缺。综合性网络安全教育囊括防沉迷、防诈骗、知识普及等专题,教育内容广泛,教育成本较低且效率较高,故而大部分高校会选择综合性网络安全教育作为教育主题;由于高校学生的警惕性不高,容易受到虚假网络信息蒙蔽,加之校园诈骗案例层出不穷,大多数高校会针对诈骗事件开展专题教育活动;防电脑、手机病毒需要专业知识和技术支撑,非计算机类专业学生在接受该主题教育知识时可能存在畏难情绪，学习收益微弱，且这类网络安全知识教育也需要专业的技术人员或专业教师讲授，区别于通过查阅大量资料和咨询就可传授的其他教育主题，故高校对防电脑和手机病毒的主题教育开展次数不多。

表7-3　　　　　　　　高校网络安全教育主题现状

	频数	百分比（%）
综合性的网络安全教育	664	78.2
预防诈骗	719	84.7
防电脑、手机病毒	414	48.8
防网络沉迷	458	53.9
网络安全政策法规	449	52.9
其他	22	2.6

（三）教育形式

从高校网络安全教育形式来看，班会、视频或网络资料在线学习的教育形式占比最高，分别为72.6%和78.8%，54.2%和67.0%的接受调查的高校学生表示网络安全教育有现场讲座、网络安全信息发送和宣传标语的形式，43.6%的接受调查的高校学生表示有网络安全相关的知识竞赛，33.8%的接受调查的高校学生表示还有通过校园广播开展的网络安全教育。高校开展网络安全教育的形式多样化，呈现出以班会、视频或网络资料在线学习为主，现场讲座、网络安全信息发送和宣传标语为辅，校园广播和知识竞赛为补充的网络安全教育的情形。这是因为班会作为管理班级的日常事务之一，辅导员或班主任可通过班会在同一时间段开展多个主题教育，加之视频或网络资料获取便利，通常是班会予以结合的教育形式。大多数高校有专门的宣传栏，有关网络安全知识会以宣传标语、海报、漫画等生动形式展现，吸引路过的学生，从而达到科普、教育的目的。现场讲座形式一般是高校邀请网络安全相关工作者如警察到现场为学生讲授网络安全知识、具体案例等，学生以及教师能够通过相关工作者的工作经验补充无法从班会或网络视频等形式中了解到的知识或防范技巧。校园广播的教育形式占比是最低的，这是由于播放广播的时间受到很大限制。除去学生上课和休息时间,能够播放广播的时间主要是学生就餐时间段,而该时间段校园环境较嘈杂,广播内容易受到其他声音干扰,影响广播教育质量,故而高校不会以广播为主要教育形式传递网络安全知识。

表7-4　　　　　　　　高校网络安全教育形式现状

	频数	百分比（%）
班会	616	72.6
视频或网络资料在线学习	669	78.8
现场讲座	460	54.2
校园广播	287	33.8
知识竞赛	370	43.6
网络安全信息发送和宣传标语	569	67.0
其他	22	2.6

二　高校学生网络安全事件经历调查

高校学生经历网络安全事件的比例反映了高校学生网络安全现状。调查显示：（1）高校学生网络安全事件频发。曾经历网络安全事件的接受调查的高校学生超过六成,仅33.7%的接受调查的高校学生没有经历过网络安全事件,其中超过30.0%的接受调查的高校学生遭遇过个人信息泄露、进入假冒或非法网站和社交软件账户被盗,近20.0%的接受调查的高校学生设备遭受病毒、木马等恶意软件的攻击,被网络诈骗的接受调查的高校学生人数占比13.8%。（2）经济损失是接受调查的高校学生因网络安全事件所遭受的主要损失。39.7%的接受调查的高校学生表示网络安全事件给自己或他人造成经济损失,30.6%的接受调查的高校学生认为需要花费时间和精力处理网络安全事件,20.0%左右的接受调查的高校学生表示因经历网络安全事件影响了个人学习,丢失重要资料或联系人信息,仅1/3的接受调查的高校学生表示没有损失。

表 7-5　　　　　　　　高校学生经历网络安全事件现状

	频数	百分比（%）
没有遇到过	286	33.7
进入假冒或非法网站	260	30.6
设备中病毒或木马	186	21.9
设备被安装了木马以外的恶意软件	169	19.9
个人信息泄露	337	39.7
社交软件账户被盗	261	30.7
被网络诈骗	117	13.8
其他	12	1.4

表 7-6　　　　　　　　网络安全事件造成的损失

	频数	百分比（%）
没有损失	286	33.7
需要花费时间和精力去处理	260	30.6
影响了学习	186	21.9
重要资料或联系人信息丢失	169	19.9
导致自身或他人经济损失	337	39.7
其他	261	30.7

因网络安全事件受到经济损失的情况中，大部分接受调查的高校学生的经济损失在千元以内。77.7%的接受调查的高校学生表示损失金额在 1—1000 元，损失 1001—5000 元和 5001—10000 元的接受调查的高校学生分别占比 12.4%和 6.2%，有 3.7%的接受调查的高校学生损失金额在 10000 元以上。高校学生没有稳定经济来源，其收入主要由家长给予的生活费、国家补助、个人兼职收入组成，除了必要的生活开支，高校学生可真正支配的金额相对较少，因此网络安全事件造成的经济损失影响了学生的日常生活，严重的可能对学生造成极大的心理压力从而引发心理问题。

三　高校学生网络安全意识与行为的现状分析

大学生网络安全意识是大学生对网络安全和操作主动进行防护的心

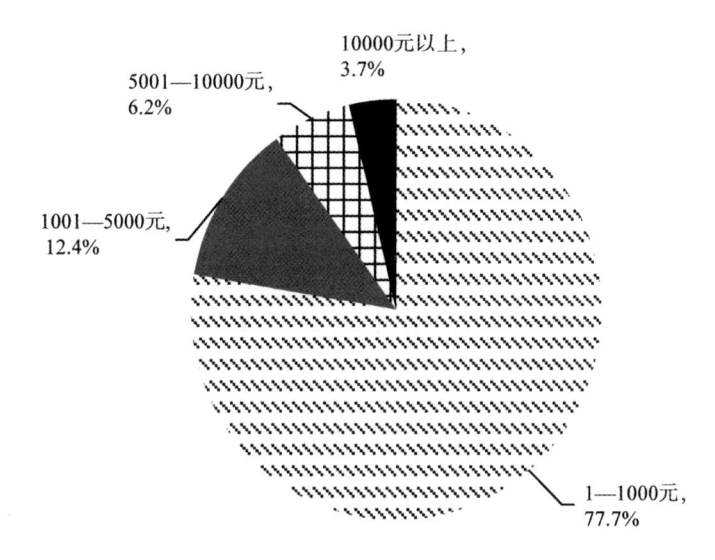

图 7-4　因网络安全造成经济损失情况

理和能力表现,[1] 主要包括网络安全风险的基础认知和网络安全风险辨识抵御能力,[2] 在本调查中具体体现为高校学生对网络安全知识的了解情况和其对网络安全重要性的认识。网络安全意识影响着个人的网络行为,[3] 大学生网络行为是指在校大学生通过网络媒体平台所进行的信息获取、通信、交友、娱乐等个人活动。[4] 高校学生安全行为则指高校学生利用网络进行信息获取、交友、娱乐等用网活动时,所表现出有意识的安全用网行动。

（一）高校学生对网络安全知识的了解情况

通过高校学生对盗取账号密码手段、电子邮件和短信传播病毒方式、

---

[1] 朱海龙、胡鹏:《高校校园网络安全管理问题与对策研究》,《湖南社会科学》2018 年第 5 期。

[2] 徐东华、曾林等:《研究生网络安全意识和防护技能调查》,《中国高校科技》2019 年第 Z1 期。

[3] 齐斌、邹红霞等:《基于 IRT 的网络安全意识自适应测试技术》,《北京工业大学学报》2019 年第 5 期。

[4] 杨梅、周正柱:《新媒体背景下大学生网络行为特点及其引导策略》,《黑龙江高教研究》2018 年第 12 期。

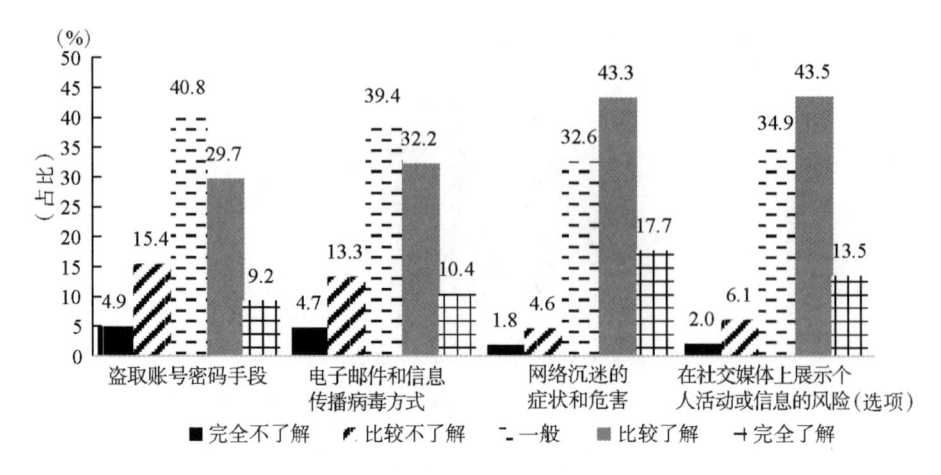

图 7-5 高校学生对网络安全知识的了解程度

网络沉迷的症状和危害以及在社交媒体上展示个人活动或信息的风险四个方面的了解情况获悉高校学生对网络安全知识的了解程度。数据结果显示：(1) 高校学生不太了解不法分子盗取账号密码的手段。38.9%的学生表示了解盗取账号密码手段，但表示比较不了解和完全不了解的接受调查的高校学生分别为15.4%、4.9%，40.8%接受调查的高校学生表示了解程度一般。(2) 高校学生对电子邮件和信息传播病毒方式的了解程度一般。42.6%的接受调查的学生表示了解电子邮件和信息传播病毒的方式，但18.0%的接受调查的高校学生表示不了解，另有39.4%的接受调查学生表示只是一般了解。(3) 高校学生较了解网络沉迷的症状和危害。6.4%的接受调查的高校学生对此表示不了解，32.6%的接受调查的高校学生表示一般了解，但61%的接受调查的高校学生认为自己了解网络沉迷的症状和危害，其中表示非常了解的接受调查的高校学生占比17.7%。(4) 高校学生对在社交媒体上展示个人活动或信息的风险的了解程度较好。8.1%的接受调查的高校学生表示不了解在社交媒体上展示个人活动或信息的风险，57.0%的接受调查的学生了解此风险，其中表示比较了解和完全了解该风险的接受调查的高校学生分别占比43.5%和13.5%，34.9%的接受调查的学生表示一般了解。高校学生作为网络使用的主力军，善于接受新鲜事物，乐于摸索网络功能，能够通过网络获取大量有关网络安全案例,故对网络沉迷的症状和危害、在社交媒体展示个人信息所存在的风险隐患较为了解。而盗取账号密码手段、电子邮件和信息传播病毒方式呈现多样化、复杂化的特征,涉及较多专业知识,需要具备一定的网络安全专业知识和技术才能清楚其原理。与之相悖的,是大多数学生吸纳这些领域的知识、原理时会显得吃力。

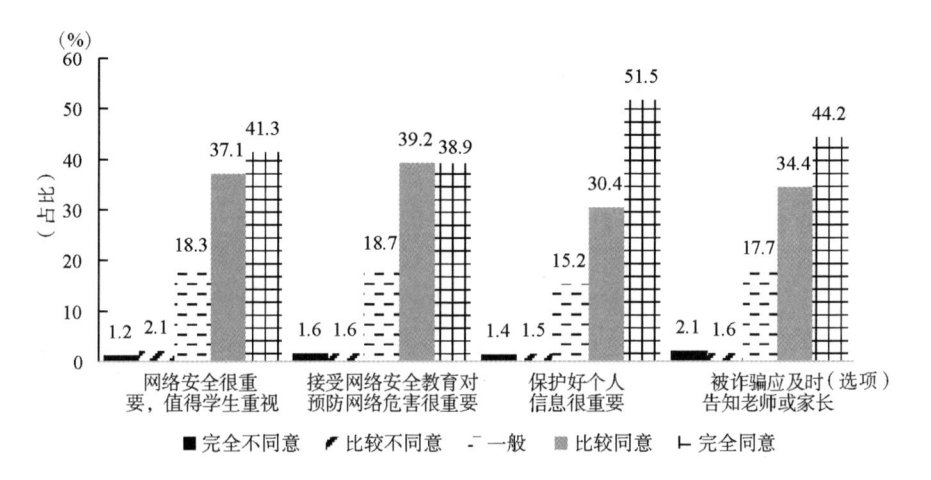

图 7-6 高校学生对网络安全重要性的认识现状

(二) 高校学生对网络安全重要性的认识

高校学生对网络安全重要性的认识的调查数据显示:(1) 高校学生普遍认为网络安全很重要,且值得学生重视。78.4% 的接受调查的高校学生认为网络安全很重要,值得每位大学生重视,对此表示比较同意和完全同意的学生占比分别为 37.1% 和 41.3%,18.3% 的接受调查的高校学生不置可否,仅 3.3% 的接受调查的高校学生认为网络安全不重要,不需要重视。(2) 高校学生广泛认为接受网络安全教育对预防网络危害很重要。78.1% 的接受调查的高校学生表示接受网络安全教育对防范网络危害很重要,3.2% 的接受调查的高校学生认为网络安全教育的防范作用不大,18.7% 的接受调查的高校学生表示不置可否。(3) 高校学生重视个人信息安全。超过 80% 的接受调查的高校学生认为保护好个人信息很重要,其中认为非常重要的学生占比 51.5%,仅 2.9% 的接受调查的高校学生不重视个人信息的保护。(4) 高校学生普遍认为当遭受网络诈骗事件后应及时告知老师或家长。3.7%的接受调查的高校学生不赞成被诈骗后及时告知老师或家长，17.7%的接受调查的高校学生表示不置可否，但认为应及时告知老师或家长的接受调查的高校学生占调查学生总数的78.6%。

由上可知，高校学生总体对网络安全的防范意识仍有提高空间，学生可以通过主动学习或接受网络安全教育的方式获取相关知识，从而增强网络安全防范意识。网络安全教育能够填补学生在网络安全方面的知识空白，提高学生识别网络信息真伪的能力，掌握常见网络安全风险的防范技巧，有利于营造良好的校园网络安全环境，故校方应加强网络安全教育，着重从扩大教育主题、利用多种形式、教育效果考核等多方面展开教育工作。

（三）高校学生应对网络风险的行为

据高校学生应对网络风险的行为的调查数据可知：（1）高校学生点击未知发件人邮件和短信的行为有待规范。45.6%的接受调查的高校学生不会点击未知发件人邮件和信息，31.7%的接受调查的高校学生摇摆不定，可能会对感兴趣的链接放松警惕，但22.7%的接受调查的高校学生会点击链接。（2）高校学生下载软件考虑渠道正规性的行为有待规范。42.8%的接受调查的高校学生在下载软件时会考虑下载渠道是否正规，而24.5%的接受调查的高校学生不考虑渠道的正规性，只要能下载、安装就好，近1/3的接受调查的高校学生表示不确定。（3）多数高校学生被骗少量资金后选择告知他人。接近20%的接受调查的高校学生被骗取少量资金后选择隐瞒，不告诉家长或老师，但54.3%的接受调查的高校学生选择告知家长、老师，其中表示完全符合的学生占比33.8%。（4）高校学生沉迷网络的行为不太普遍。16.1%的接受调查的高校学生表示因沉迷于网络以至于严重影响了学习，31.6%的接受调查的高校学生表示不确定，可能这部分学生在日常学习中容易受到网络的干扰、诱惑，分散学习注意力、降低学习效率，但52.3%的接受调查的高校学生不会因沉迷网络而影响学习。（5）在安全的网络环境下登录个人社交或资金账户的行为有待倡导，51.2%的接受调查的高校学生不会在公共WIFI环境下登录个人社交或资金账户，但近1/5的接受调查的高校学生不考虑网络环境情况，照常登录个人账户，28.9%的接受调查的高校学生摇摆不定。(6) 高校学生多次帮助不太熟悉的朋友助力或砍价的行为不太普遍。18.6%的接受调查的高校学生曾经多次帮助不太熟悉的朋友进行助力或砍价，28.3%的接受调查的高校学生表示不确定，可能会因为不好意思多次拒绝他人请求而选择助力或砍价，但53.1%的接受调查的高校学生不会帮助不太熟的朋友助力、砍价。

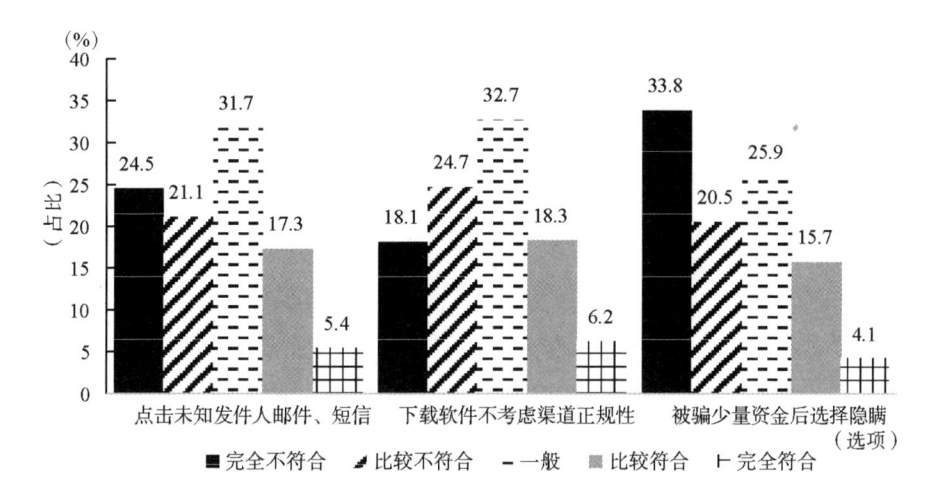

图7-7 高校学生应对网络风险的行为现状（1）

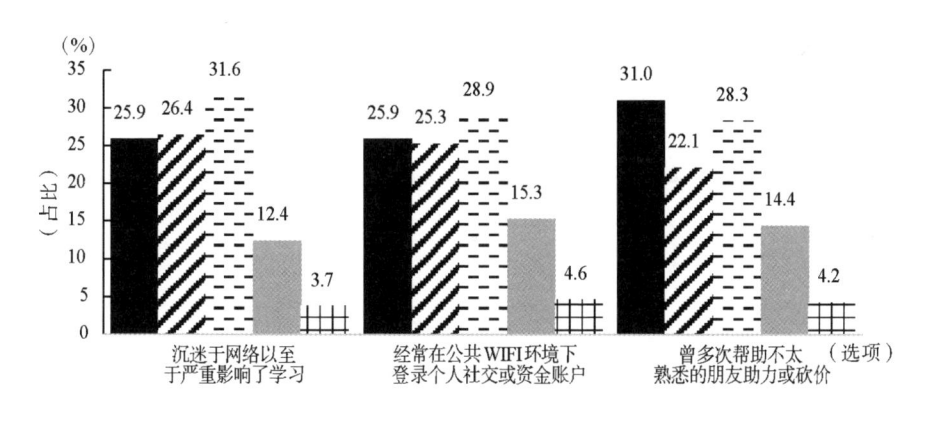

图7-8 高校学生应对网络风险的行为现状（2）

本调查对高校学生的上网活动用时情况设置了排序题，由图7-9可知，40.1%的接受调查的高校学生表示在网络用时中学习用时是最长的，38.8%的接受调查的高校学生在娱乐方面用时最长，表示在社交和购物用时最长的接受调查的高校学生占比分别为19.1%和1.6%。总体上看，学生在使用网络方面呈现学习与娱乐用时并重的现象。不可否认的是，适当的网络娱乐能够缓解高校学生的学习压力，暂时卸下沉重的学习包袱，利于放松心情，但高校学生对于网络的抵御能力有限，过度追求网络娱乐可能导致学生对网络产生依赖，甚至上瘾。

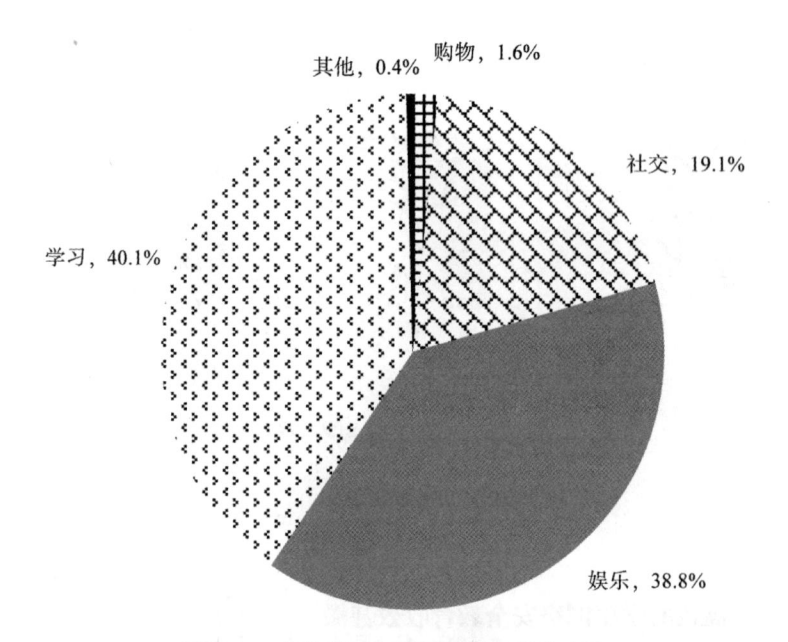

图7-9　高校学生上网用时最多活动分布

总的来说，大多数高校学生经历过网络安全事件，但学生对网络安全知识学习的主动性较低，大多数学生虽掌握一定的网络安全知识，能够规避部分由不安全行为带来的风险，仍有部分学生存在较多不安全使用网络的行为，网络安全意识不足，存在较大风险隐患。且高校网络安全教育氛围不够浓厚，网络安全教育授课时长较短；网络安全教育主要通过班会、视频或网络资料学习的形式开展综合性网络安全教育和预防诈骗主题活动。

第四节 高校学生的网络安全问题

网络技术飞快的更迭速度造就复杂的网络形势，在给国家网络安全工作带来重大挑战的同时，也考验着高校如何科学有效地管理网络安全。明晰高校学生网络安全面临的问题，是提出相应对策并实现高效管理的前提。

一 高校网络安全环境复杂

网络覆盖面广泛，容纳的信息鱼龙混杂，网络环境复杂且具有威胁性。网络呈现的复杂性是网络本身的特征所赋予的，网络的开放性让每个人都能成为网络的使用者，不法分子也不例外。网络具有较强的互动性体现在多个方面，如部分高校学生喜欢在各个平台分享、记录自己的生活，可能被有心之人捕捉到生活轨迹；目前，网络社交成为一种趋势，高校学生频繁使用微信、QQ等软件联系亲戚朋友甚至是陌生人，也许会无意识地泄露个人信息；网络的低使用成本和高虚拟度给不法分子以可乘之机，他们通过匿名的方式制造木马病毒、创设钓鱼网站窃取用户信息，或伪装身份发布虚假消息、垃圾短信等，扰乱正常安全的网络秩序。高校网络安全环境的复杂化使得净化工作面临重重困难。

二 高校的学生网络安全教育收效甚微

通过本次调查发现，高校学生通常通过集体学习的方式被动学习网络安全知识，对网络安全知识获取的主动性较低。同时，高校开展的网络安全教育不系统、零碎分散，网络安全教育收效甚微，具体体现在以下几个方面。

一是教育形式比较局限，教育效果不尽如人意。网络安全教育以班会和视频或网络资料在线学习为主，现场讲座和信息推送、宣传栏、宣传标语宣传为辅，班会和视频或网络学习的教育形式与传统课堂形式具有高度相似性，班主任或教师在缺乏系统网络安全知识的情况下容易照本宣科，导致教育效果大打折扣；信息推送和宣传栏内容存在篇幅过长、重点不突出的现象，看到信息或路过宣传栏的学生可能仅是简单浏览一遍，并不把知识内化于心，甚至有学生忽视信息推送，也不会主动阅读宣传栏的相关内容，看似多样化的教育形式实际上收效甚微。

二是教育主题不均衡。高校网络安全教育的重点落在预防诈骗和综合性网络安全教育上，而对防网络沉迷、防电脑和手机病毒以及网络安全政策法规主题教育不到位。首先，虽然高校学生相较于中小学生而言对网络的使用拥有更强的自制力，但高校新生入学因上网成瘾逃课、挂科或被退学的案例数不胜数，一些学生难以正确使用网络工具，而屈服于网络的娱乐性，自愿被网络侵蚀意识从而沉溺其中。其次，部分病毒会无差别地攻击电脑、手机，除了依靠病毒查杀软件抵挡部分病毒外，还应加强病毒产生原理、攻击途径和解决方式等知识的普及。最后，普及网络安全政策法规有利于培养网络安全法律意识，用法律充当戒尺规范学生用网行为。

三是高校网络安全教育课程设置不合理。绝大部分高校仅仅开设计算机基础课程，主要传授计算机基础原理、计算机发展历程等知识，很少涉及网络安全问题，即使涉及网络问题也通常是一带而过。网络安全的课程教育不在学校教育计划内，也没有配备专门的网络安全教育教师，网络安全教育未能与学习课程有效结合起来，由此形成网络安全教育"单打独斗"的境地。

三　高校学生网络安全意识有待提高

在本次调查中，接受调查的高校学生整体网络安全意识仍有待提高。（1）大多数学生认为网络是充满风险的。68.4%的接受调查的高校学生认为网络总是充满风险的，但有4.6%的接受调查的高校学生持相反态度，27.0%的接受调查的高校学生表示不确定。（2）高校学生普遍认为网络沉迷的危害很大。74.1%的接受调查的高校学生赞同网络沉迷是有严重危害的，但反对此观点的接受调查的高校学生占比5.1%，超过1/5的接受调查的高校学生对此不置可否。（3）高校学生对待未知发件人的电子邮件、短信中的链接、二维码的防范意识良好。只有3.9%的接受调查的高校学生认为打开未知发件人的电子邮件、短信中的链接、二维码没有风险，17.2%的接受调查的高校学生不置可否，但78.9%的接受调查的高校学生认为打开未知发件人的电子邮件、短信中的链接、二维码等

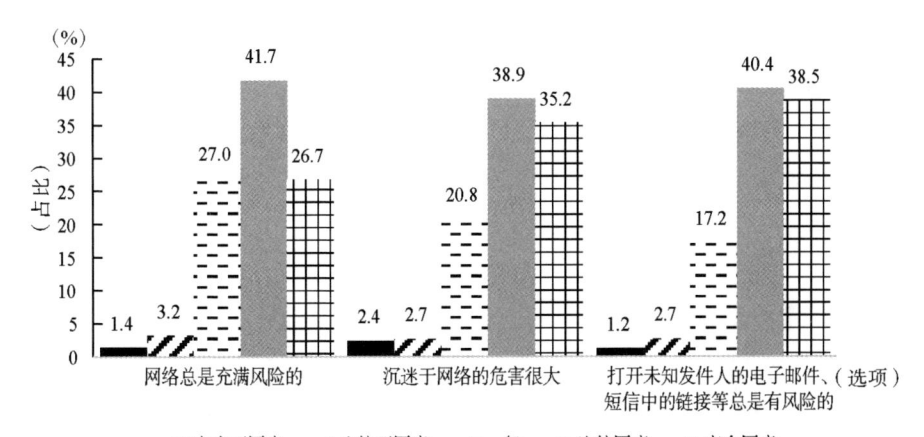

图 7-10　高校学生网络安全意识现状

是有风险的,其中表示比较同意和完全同意的学生分别占比 40.4% 和 38.5%。高校学生富有活力,对新鲜事物总是充满好奇,也能够敏锐地获取信息,利用网络进行学习、交友、购物等活动丰富课余生活,但网络是把双刃剑,给高校学生生活带来便利的同时也暗藏诸多危险,此种情境下仍有学生意识不到网络存在的风险,认为沉迷网络的危害不大甚至没有危害,可见部分高校学生的网络安全意识欠缺。网络时代的海量信息数据充斥网络的各个角落,真假信息混杂,难以辨别,丰富的信息资源和娱乐方式对高校学生有着极大诱惑力,因此应加大力度增强高校学生网络安全意识。

第五节　高校学生的网络安全风险防控措施

2016 年 4 月 19 日,习近平总书记指出,"网络安全为人民,网络安全靠人民,维护网络安全是全社会共同责任,需要政府、企业、社会组织、广大网民共同参与,共筑网络安全防线"[①]。高校学生网络安全事件

---

① 习近平:《在网络安全和信息化工作座谈会上的讲话》,人民出版社 2016 年版,第 16—17 页。

频发，对学生本人以及校园网络环境造成严重影响。增强防范意识和规范安全行为成为高校学生网络安全风险防控的重中之重，在此基础上还要通过完善法律法规、政企通力合作为安全有序的网络环境保驾护航，从而达到提高学生网络安全意识、规范使用网络行为、净化高校网络环境、减少网络带来的消极影响的目的。

一 明晰边界，完善网络安全法律法规

网络技术发展日新月异，法律的修改完善进往往落后于网络发展。网络安全法律法规的完善对高校乃至国家具有重要作用。完善的法律法规对网络安全管理工作具有指导性意义，一是可以为政府和高校等主体的网络安全管理工作提供法律依据；二是在网络经济发展方面，可以为网络经济的发展提供法律保障和良好环境；三是具有强制性规范作用，能够规范公众的用网行为；四是法律法规能够作为网络安全知识库，向公众传输法律知识。具体措施为：国家应对现有法律进行全面梳理，根据当下网络时代的特征和现实需要，废除过时的、修订不适应当下发展的法律法规以适应复杂的网络形式，明晰网络犯罪的法律边界，减少法律监管死角。高校要积极宣传有关网络安全的法律法规，培养高校学生的网络法制意识。学生要主动学习法律知识，从知法到懂法再到用法，坚决抵制不合法的用网行为，勇于向相关部门举报不合规、违法的网站链接、APP等。

二 联动协作，推进多元主体协同治理

高校网络安全管理是一项重大且复杂的工程，应在发挥学校主体作用的同时，协同多方力量如政府和企业共同治理，强化高校网络安全管理能力。多元网络治理模式是指政府、企业、第三部门、学校等多主体发挥各自的优势，以共同协作的方式构建相互补充的网络安全治理模式。一是政府加强网络监管，坚持依法、科学管理，尤其是对高校学生经常使用或接触到的网络平台和网站，要严格制定网络安全相关法律法规，为网络安全管理工作提供依据。二是政府与企业联动协作，引进新兴网络安全技术，弥补政府在技术方面的短板，打破技术壁垒保障网络安全。三是社会组织为高校提供网络安全管理资助资金，用于研发适合高校的

网络安全防御技术、建设高校网络安全实验室，丰富高校网络安全管理资源。四是高校应为校园网络安全工作者定期组织培训，使其掌握并使用前端的网络安全管理技术，如运用"云安全"技术，实现自动化全面识别、处理木马病毒和恶意程序，起到查杀病毒保护数据的作用。多元网络治理模式不仅可以强化政府在网络监管中的责任，促使高校重视网络安全管理，还可以激发企业与社会组织在网络安全治理方面的活力，推动社会网络安全治理工作良性发展。

三 引进技术，营造绿色健康网络环境

高校网络安全防护系统往往因为设备落后、投入不足、管理层不够重视和技术人员欠缺等而存在漏洞。面对网络规模不断扩大、应用内容不断丰富的网络环境，高校应摒弃用旧经验应对新问题、老系统防范新风险的管理理念，而应引进网络安全风险防范的新兴技术，构建主动防御的网络安全系统，保证校内师生以及学校的信息安全，提高抵御外界病毒攻击、舆论干扰的能力。目前，网络安全防御体系模型主要有传统静态的网络安全模型，基于时间序列的 P2R 模型、P2DR 动态网络安全模型，全网动态安全体系 APPDRR 模型和 WPDRRC 模型等，这些主动防御模型以整个网络作为网络安全管理的对象，从技术方面防范病毒攻击、黑客入侵和信息泄露，能够为校园网络安全建设提供有力保障。但光靠网络安全防御模型是不可持续的，不仅面临系统退化和存在漏洞的风险，还弱化了技术人员的责任和其对网络风险的灵敏度。因而，高校在引进防御系统技术的同时也要吸纳专业的技术人才，建立强系统、多人才的校园网络安全防护系统，把监测网络舆情、防范病毒攻击、升级防御系统融入网络安全防护系统的日常工作中，定期开展病毒检测，精准掌握网络安全防护系统漏洞并及时修补，减少校园网络安全事故的发生，营造绿色健康的网络环境。

四 创新理念，深化高校网络安全教育

高校学生在日常生活中无时无刻不在与网络打交道，面临多种多样的网络安全风险，而网络安全教育能够帮助学生形成良好的网络道德，指导学生科学、安全用网，因此网络安全教育是共筑网络安全的必然要

求。首先，高校要充分了解学生在网络安全知识方面的短板，根据学生知识短板和现实需要扩宽教育主题，加强学生网络心理健康、网络道德和法律普及等主题教育。其次，高校要创新网络安全教育模式，利用微信、QQ、B站、微博等平台，通过多形式、多渠道向学生宣传网络安全知识，如设立网络安全知识宣传月/周，以生动形象的图文、视频或音频代替固化的长篇幅文字，还可组织网络安全演讲竞赛活动、发放宣传手册、开展网络安全主题文创比赛等，同时利用科技馆、科普机构等机构丰富教育资源。再次，调整网络安全课程设置，配备专门的网络安全教师，将网络安全教育与课堂紧密结合，引导学生修读网络安全专题课程，课程内容应包含但不限于软件下载途径辨析技巧、科学安装和设置系统操作、计算机工作原理、数据加密方法、防火墙的应用、流氓软件清除步骤、病毒查杀软件的选择、常见病毒的识别和处理等，以原理讲解和实践操作相结合的方式，打造积极向上的网络安全教育课程氛围，引导学生提高网络安全技能，增强学生网络风险识别、防范能力。最后，设置合理的学生课程考核和教师授课质量考核机制，在让学生和老师重视网络安全教育的同时，保证网络安全教育效果。

五　引领思想，增强学生网络安全意识

高校学生是国家与社会发展的中流砥柱，其思想道德与价值观念直接影响到未来发展，[①] 而网络道德和安全观的形成并非一朝一夕之事，需要多方协力营造良好的网络安全教育氛围，让学生在潜移默化之中形成高标准的网络道德和成熟的安全观念，从而增强网络安全意识，规范使用网络行为，提升自我约束能力。因此，需要高校打造积极的网络安全校园文化氛围，提高学生网络道德水准，引领高校学生养成良好的上网习惯；学生家长要主动营造良好的用网氛围，树立适度娱乐的榜样，关注学生心理健康，主动配合学校管理工作，积极发挥监护职责；学生要遵守法律法规，了解网络并安全使用。与此同时，积极主动参与并守护网络安全，抵制使用非正规途径获取信息的不安全行为，勇于举报不安

---

① 王柳丁：《高校思政教育中网络安全教育思考——评〈网络安全管理〉》，《中国安全科学学报》2019年第8期。

全的链接、网站，从而减少网络带来的消极影响，共同维护网络安全。

在信息化时代下，网络的普及和技术的进步对高校学生的渗透能力持续增强，为了防范看不见的网络安全风险，高校对网络安全风险的防控要从被动转为主动，打造以网络安全意识和行为是基础、技术和人才保障是核心、高效管理是关键的高校网络安全管理策略，不断适应网络变化的新形势。

参考文献

一　中文文献

（一）中文著作

习近平：《高举中国特色社会主义伟大旗帜　为全面建设社会主义现代化国家而团结奋斗——在中国共产党第二十次全国代表大会上的报告》，人民出版社2022年版。

习近平：《在网络安全和信息化工作座谈会上的讲话》，人民出版社2016年版。

（二）中文论文

安宇等：《高校实验室事故致因分析与安全管理研究》，《安全》2022年第8期。

邓晓凌、史大胜：《安全标识与婴幼儿安全教育》，《学前教育研究》2019年第1期。

冯忠祥、季诺亚、罗毅、赵璨：《基于问卷调查的公众交通安全意识评价方法》，《中国公路学报》2020年第6期。

郭华、张洋、罗彤、何忠伟：《社会公众对重大动物疫情风险感知研究——基于计划行为理论》，《世界农业》2022年第1期。

韩国元、冷雪忠：《国内公共卫生安全研究的文献计量分析》，《中国安全生产科学技术》2022年第1期。

郝俊卿、董亚梦：《秦岭山地旅游灾害风险感知及其影响因素分析》，《灾害学》2021年第36期。

贺蕾等：《112起高校实验室事故分析统计与防控对策研究》，《中国公共安全》（学术版）2017年第2期。

洪成文：《高校在疫情防控中的责任与作为》，《中国高等教育》2020 年第 8 期。

黄颖华、黄福才：《旅游者感知价值模型、测度与实证研究》，《旅游学刊》2007 年第 8 期。

贾艳秋：《幼儿安全意识和自我保护能力的培养》，《学前教育研究》2022 年第 11 期。

蒋燕玲：《新时代高校网络安全教育的意义、困境与路径》，《中国高等教育》2020 年第 20 期。

雷望红，孙敏：《重构时间：校园欺凌现象的发生机制与治理策略》，《中国青年研究》2022 年第 8 期。

李峰：《试论侵害未成年人案件强制报告制度完善路径》，《中国青年社会科学》2022 年第 6 期。

李华强、范春梅、贾建民：《突发性灾害中的公众风险感知与应急管理——以 5 · 12 汶川地震为例》，《管理世界》2009 年第 6 期。

李华强、龚乐、范春梅：《药品安全事件中公众应对行为的形成机制》，《公共管理学报》2019 年第 3 期。

李键江、花筝、彭冬艳：《疫情防控常态化时期高校思政教育面临的挑战及其应对》，《中学政治教学参考》2022 年第 8 期。

李垚栋：《2010—2020 年高校实验室事故统计分析及对策研究》，《黑龙江科学》2022 年第 1 期。

李中和：《高校学生网络犯罪及其防控对策探讨》，《科学·经济·社会》2012 年第 2 期。

刘晓婷、刘晓雯：《疫情防控背景下高校校园治理模式优化》，《中国高等教育》2021 年第 8 期。

刘艳华：《中美高校校园交通安全管理比较研究》，《东北师大学报》（哲学社会科学版）2012 年第 3 期。

毛文娟、纪巍：《返校开学后学校疫情防控的对策研究》，《河北师范大学学报》（教育科学版）2020 年第 2 期。

倪慧渊、何敬瑜：《在园幼儿家庭安全教育的调查报告》，《上海教育科研》2008 年第 11 期。

潘力军、郭欣：《托幼机构新型冠状病毒肺炎疫情防控技术要求》，《中国学校卫生》2020年第5期。

齐斌、邹红霞等：《基于IRT的网络安全意识自适应测试技术》，《北京工业大学学报》2019年第5期。

王丽丽、张晓杰：《城市居民参与环境治理行为的影响因素分析——基于计划行为和规范激活理论》，《湖南农业大学学报》（社会科学版）2017年第18期。

王柳丁：《高校思政教育中网络安全教育思考——评〈网络安全管理〉》，《中国安全科学学报》2019年第8期。

王培石：《高校校园疫情防控管理问题研究》，《中国高等教育》2022年第9期。

文军：《新型冠状病毒肺炎疫情的爆发及共同体防控——基于风险社会学视角的考察》，《武汉大学学报》（哲学社会科学版）2020年第3期。

武彦欣：《贴近生活 学用结合——幼儿安全教育面面观》，《教育教学论坛》2010年第31期。

徐东华、曾林等：《研究生网络安全意识和防护技能调查》，《中国高校科技》2019年第Z1期。

徐彭：《高校实验室安全管理存在的问题及对策》，《西部素质教育》2022年第22期。

杨梅、周正柱：《新媒体背景下大学生网络行为特点及其引导策略》，《黑龙江高教研究》2018年第12期。

杨思洛、莫莹莹、程濛：《危机管理视角下我国新冠肺炎疫情防控政策文本量化研究》，《情报理论与实践》2022年第10期。

杨晓燕、周懿瑾：《绿色价值：顾客感知价值的新维度》，《中国工业经济》2006年第7期。

张桂蓉、张颖、顾妮：《学校反欺凌氛围对教师预防型干预行为的影响：干预信念的中介作用》，《广州大学学报》（社会科学版）2022年第2期。

张焕国、韩文报等：《网络空间安全综述》，《中国科学：信息科学》2016年第2期。

章群、段理慧：《高校校园交通安全管理质量模糊综合评价系统研究》，《软科学》2011年第7期。

郑启明、陈孔亮、蒙庆全:《华南师范大学校园智能交通管理系统的构建》,《华南师范大学学报》(自然科学版)2014年第5期。

周恒洋、邹浩:《"三全育人"视域下大学生网络安全教育探析》,《学校党建与思想教育》2022年第2期。

朱国勇、杨军、谢美梅、黄艳、卞勇亚、陈倩:《福州城市居民交通安全意识调查与思考》,《中国统计》2014年第4期。

朱海龙、胡鹏:《高校校园网络安全管理问题与对策研究》,《湖南社会科学》2018年第5期。

朱晓斌:《美国学校危机管理的模式与政策》,《比较教育研究》2004年第12期。

二 英文文献

Amodio, E., Costantino, C., Asciutto, R., et al., "Knowledge, Risk Perception and Behaviours in Swimming Pool Users of Palermo City, Sicily", *European Journal of Sport Science*, Vol. 14, 2014.

G. A. Churchiu Jr., C. Surprenant, "An Investigation into the Determinants of Customer Satisfaction", *Journal of Marketing Research*, Vol. 19, 1982.

Rosenberg, M. J., Hovland, C. I., McGuire, W. J., et al., "Attitude Organization and Change: An Analysis of Consistency among Attitude Components (Yales Studies in Attitude and Communication)", *Revue Francaise de Sociologie*, Vol. III, 1960.

Slovic, P., "Perception of Risk", *Science*, Vol. 236, 1987.

后　　记

　　经过中国应急管理学会校园安全专业委员会和全体编写人员共同努力，《中国应急教育与校园安全发展报告2023》顺利编写完成，由中国社会科学出版社出版面世。

　　本书以年度报告的形式，整理、归纳和分析了2022年应急教育与校园安全的发展状况，借鉴和引用了大量法规文献、研究论文、著作、新闻报道等资料，书中基本已注明出处。对此，我们向全部资料的所有者、起草者、署名作者致以诚挚的谢意！

　　本书由中国应急管理学会校园安全专业委员会主任委员高山担任主编，秘书长张桂蓉、李伟权担任副主编，张桂蓉负责全书的总体策划、框架确定和审阅定稿。本书以文责自负为原则，由来自校园安全专业委员会的研究人员共同撰写，具体如下：第一章，高山、朱柏安（中南大学）；第二章，何雷、唐娜（中南大学）；第三章，李伟权（暨南大学）；第四章，张桂蓉、冯伟、张颖（中南大学）；第五章，李灵芝、王雨晴、崔玲玲（中南大学）；第六章，张桂蓉、文颖、徐敏珍（中南大学）；第七章，郭少军、欧俐含（中南大学）。此外，方佳、王翠燕、张芸睿、杨东梅、马佳欣、移晶等中南大学学生参与了本书的数据收集、整理工作。中国应急管理学会会长洪毅同志、中国应急管理学会秘书长钟开斌同志对本书的出版给予了支持，对此谨致谢忱！同时，本书也是中南大学社会稳定风险研究评估中心的研究人员共同努力的成果，本书中的问卷调查部分得到湖南省教育厅"学生安全专题调查研究及教育系统重大事项社会稳定评估"项目的支持，也得到湖南省"十四五"教育科学规划重点项目"高校网络舆情演化与应急响应机制研究"（XJK22ZDJD18）的资助。最后，特别感谢中国社会科学出版社王琪老师的鼎力支持。由于编写者水平有限，且时间仓促，书中难免存在不足之处，编委会恳请广大读者不吝指正，我们将在今后的工作中不断完善！

编　者

2023 年 8 月